Arghya Mani
Prodyut Kumar Paul

Redução do teor de sódio nos pickles de manga

Arghya Mani
Prodyut Kumar Paul

Redução do teor de sódio nos pickles de manga

Investigação fundamental destinada a reduzir o teor de sódio em produtos alimentares transformados e a evitar os riscos decorrentes da ingestão de sal de sódio

ScienciaScripts

Imprint
Any brand names and product names mentioned in this book are subject to trademark, brand or patent protection and are trademarks or registered trademarks of their respective holders. The use of brand names, product names, common names, trade names, product descriptions etc. even without a particular marking in this work is in no way to be construed to mean that such names may be regarded as unrestricted in respect of trademark and brand protection legislation and could thus be used by anyone.

Cover image: www.ingimage.com

This book is a translation from the original published under ISBN 978-620-2-19839-4.

Publisher:
Sciencia Scripts
is a trademark of
Dodo Books Indian Ocean Ltd. and OmniScriptum S.R.L publishing group

120 High Road, East Finchley, London, N2 9ED, United Kingdom
Str. Armeneasca 28/1, office 1, Chisinau MD-2012, Republic of Moldova, Europe
Printed at: see last page
ISBN: 978-620-8-05022-1

CONTEÚDO

RECONHECIMENTO

1. UTTAR BANGA KRISHI VISWAVIDYALAYA

Por me ter proporcionado a plataforma de investigação

2. Membros do corpo docente e funcionários, Departamento de Pomologia e Tecnologia Pós-colheita

3. Prof. Dr. Prodyut Kumar Paul Pelas suas ideias e motivações dinâmicas de investigação

Sobre os autores

1. **Arghya Mani**

Nasceu numa aldeia-cidade de Balurghat, em Bengala Ocidental, a 07-12-1993. Concluiu o 10th e o 12th nos anos 2009 e 2011, respetivamente, na escola pública Atreyee DAV. Após o 12.ºth, ingressou no Sam Higginbottom Institute of Agriculture Technology (formalmente Allahabad Agriculture University), situado em Naini, Allahabad, Uttar Pradesh, no ano de 2011. Concluiu a sua licenciatura em Horticultura em 2015. Foi-lhe atribuído o certificado de mérito no seu bacharelato. Ingressou na Uttar Banga Krishi Viswa Vidyalaya para fazer o mestrado em Pomologia e Tecnologia Pós-Colheita em 2015. Na sua curta carreira, tem 15 trabalhos de investigação completos, e completou muitas formações e participou em muitas conferências, seminários e workshops. Qualificou-se no exame NET de 2017 na disciplina de Ciências da Fruta com uma percentagem de 61,33%. Recentemente, foi galardoado com o Prémio Jovem Profissional e a Melhor Apresentação Oral num seminário a nível nacional

2. **Dr. Prodyut Kumar Paul**

O Dr. Prodyut Kumar Paul é um tecnólogo alimentar com especial interesse na tecnologia de frutos e produtos hortícolas. O Dr. Paul trabalha atualmente como Professor e Diretor de Pomologia e Tecnologia Pós-colheita, Faculdade de Horticultura, Uttar Banga Krishi Viswavidyalaya, Cooch Behar, WB, Índia. Anteriormente, trabalhou no Instituto Nacional de Tecnologia Alimentar, Empreendedorismo e Gestão (NIFTEM), Kundli, Haryana, Índia, como Professor Associado. O Dr. Paul publicou cerca de 30 artigos de investigação em diferentes revistas nacionais e internacionais. Escreveu vários capítulos de livros, manuais práticos, artigos populares e monografias. Recebeu muitas distinções académicas nos seus 15 anos de carreira docente. Foi nomeado pelo Conselho Indiano de Investigação Agrícola, Nova Deli, para formação internacional em Processamento Não-Químico/Não-Térmico e Tecnologia de Membranas na Universidade Estatal de Washington, Pullman, EUA. Orientou vários estudantes nos seus programas de mestrado e doutoramento. É membro de muitas sociedades profissionais e foi revisor de muitas revistas.

RESUMO

Foi realizado um estudo com o único objetivo de substituir o sódio dos pickles de manga sem comprometer a qualidade dos pickles. Como os pickles de manga são produtos com elevado teor de sal, há um grande consumo de iões Na^+ juntamente com os pickles. Por conseguinte, foi feita uma tentativa de reduzir parcialmente o consumo de Na^+ utilizando sais alternativos como o KCl e o CaCl2. No entanto, o limite máximo de KCl e CaCl2 numa mistura de sais foi fixado em 75% e 25%, respetivamente. Foi adotado um projeto de mistura óptima D para formular 16 ensaios. Os 16 ensaios são, na realidade, as 16 combinações diferentes de sais que devem ser utilizadas para efeitos de cura. Cada ensaio foi repetido três vezes para garantir a precisão. Os pickles assim preparados foram avaliados quanto a respostas como a capacidade de extração de água (g/100g de sal), a dureza da amostra curada (N), a atividade da água, a concentração de sódio e potássio nos pickles (em ppm), a população de BAL (log UFC), a contagem total de placas (log UFC) e as propriedades organolépticas com base na escala hedónica. O resultado mostra que a capacidade de extração de água foi de um valor máximo de 102,692 na corrida de 6th e de um valor mínimo de 58,364 na corrida de 2nd . A dureza da amostra curada (em N) foi de 8,470 no ensaio 11th e de 6,998 no ensaio 9th . A atividade da água foi máxima no ensaio 9th que é 0,974 e mínima de 0,968 no ensaio 2nd . A concentração de Na na amostra final de picles (em ppm) foi mais alta na corrida 14th , que é 408,715, e mais baixa na corrida 2nd (68,715) e mais baixa na corrida 1st (70,408). A concentração de K na amostra final de picles (em ppm) foi máxima na corrida 6th , que é de 472,222, e mínima na corrida 9th , que é de 28,744. A contagem de bactérias do ácido lático em log UFC foi máxima em 14th , com um valor de 6,452, e mínima em 6th , com um valor de 6,151. A contagem total de placas (log UFC) foi máxima na resposta de 14th , que foi de 6,397, e mínima na resposta de 10th , que foi de 6,316. Quando se avaliaram as propriedades organolépticas com base na escala hedónica, verificou-se que as respostas 14 e 12 têm uma pontuação máxima de 7,429 e 7,393, respetivamente, enquanto as respostas 1 e 2 têm uma pontuação mínima de 6,552 e 6,616, respetivamente. Através da otimização numérica, conclui-se que uma mistura de sal com 50% de NaCl e 50% de KCl pode ser utilizada como mistura de sal para a cura de pickles de manga com uma constante de desejabilidade de 0,658. No entanto, uma mistura de sal com 51,7% de NaCl e 42,9% de KCl também pode ser utilizada como mistura de sal para a cura de pickles de manga com uma constante de desejabilidade razoavelmente comparável de 0,64.

INTRODUÇÃO

A manga é um dos frutos tropicais mais importantes do mundo e é conhecida como o rei dos frutos. A manga é um fruto sazonal, pelo que uma parte considerável dos frutos é transformada em vários produtos. O pickle é um dos mais antigos produtos conservados, feito a partir de manga não madura. A história do fabrico de pickles remonta a 2030 a.C., quando os pepinos foram preparados e consumidos pela primeira vez como pickles. O termo pickle deriva da palavra holandesa "Pekel", que significa salmoura (Wikipedia, 2016). A salmoura começou por ser uma forma de conservar os alimentos para uso fora de época e para longas viagens, especialmente por mar. O pickle é um dos produtos alimentares transformados mais importantes na Índia. A Índia é o maior produtor de pickles, com um volume estimado em 65000 toneladas avaliadas em Rs.5 mil milhões (MOFPI, 2011). O Pickle tem uma grande variedade de pickles (conhecidos como Achar em Punjabi, Hindi, Bengali, Uppinakaayi em Kannada, Lonacha em Marathi, orukai em Tamil, oragaya em Telugu), que são feitos principalmente a partir de variedades de manga, lima, tamarindo e groselha indiana (aonla), malagueta. Os pickles são produzidos através da fermentação natural de frutos e legumes e, para além do seu valor nutricional, funcionam também como acompanhamentos alimentares e melhoradores do paladar (Joshi e Bhat, 2000; Savitri e Bhalla, 2007). Existem variedades especiais de mangas que são especificamente utilizadas para a produção de pickles e que dificilmente são consumidas como fruta madura. O processo de decapagem envolve a fermentação, que é um método de conservação primitivo utilizado principalmente para permitir o armazenamento de alimentos a longo prazo. A fermentação é um processo lento de decomposição de substâncias orgânicas induzido por microrganismos ou enzimas que essencialmente convertem hidratos de carbono em álcoois ou ácidos orgânicos (FAO, 1998). Quando o termo fermentação é utilizado no caso de frutas e legumes, é conhecido como decapagem. De entre as várias abordagens à fermentação, a fermentação do ácido lático, utilizando microflora natural ou culturas de bactérias do ácido lático (LAB), é utilizada em todo o mundo. A fermentação do ácido lático (AL) de legumes e frutas é uma prática comum para manter e melhorar as caraterísticas nutricionais e sensoriais dos produtos alimentares (Demir *et. al.*, 20016; Cagno *et. al.*, 2013; Karovicova e Kohajdova, 2003). A fermentação do ácido lático de frutas e legumes ocorre na presença de BAL. O género *Lactobacillus* é constituído por organismos gram-positivos que produzem ácido lático por fermentação, pertencendo ao grande grupo das BAL. Os substratos alimentares cobertos por microrganismos desejáveis e comestíveis tornam-se resistentes à invasão de microrganismos de deterioração, tóxicos ou de intoxicação alimentar. Outros organismos, menos desejáveis ou patogénicos, têm dificuldade em competir (Steinkraus, 1995; Steinkraus 1996). O sal é uma parte indispensável do nosso hábito alimentar. Os sais não só melhoram o sabor, como também têm um papel importante na nutrição humana. Os sais inibem o escurecimento enzimático e a descoloração e actuam também como antioxidantes. O sal sob a forma de salmoura é utilizado para conservas e decapagem de legumes e para a cura de carne. A decapagem é efectuada na presença de uma solução salina de elevada concentração, na qual os pedaços de fruta são mergulhados para assegurar a fermentação. Os pickles contêm cerca de 15-20% de sal, o que os torna um dos alimentos com elevado teor de sal. O NaCl é um dos agentes mais utilizados para a conservação de alimentos, permitindo um aumento considerável do tempo de armazenamento através da redução da atividade da água (Jamshidi *et. al.*, 2008).

O sal (cloreto de sódio, NaCl) é o mais antigo condimento alimentar, que proporciona um dos mais importantes sabores humanos básicos (salinidade) e preserva os alimentos para prolongar o seu prazo de validade. O sal é um dos componentes necessários do corpo humano para a atividade fisiológica normal. O sal é constituído principalmente por dois elementos: sódio e cloreto. Na indústria de decapagem, o sal tem sido historicamente utilizado para orientar a fermentação de pepinos, rabanetes e cenouras (Thompson *et. al.,* 1979; Hudson e Buescher, 1985; Fleming *et al.*, 1987; Mcfeeters *et al.*, 1989). O sal tem tido os seguintes efeitos:

a) Provoca uma pressão osmótica elevada e, consequentemente, a plasmólise das células.

b) Desidrata os alimentos retirando e retendo a humidade, ao mesmo tempo que desidrata as células microbianas.

c) Ioniza-se para produzir o ião cloreto, que é nocivo para os organismos

d) Reduz a solubilidade do O2 na água.

e) Sensibiliza a célula contra o CO2 e

f) Interfere na ação das enzimas proteolíticas.

O sal comum contém Na^+ (Catião) e Cl^- (Anião). O Na^+ (Catião) é o principal responsável pelo sabor salgado dos alimentos. O sódio é um elemento vital requerido em pequenas quantidades pelo corpo humano, uma vez que ajuda a controlar a homeostase e os impulsos nervosos (Starr e McMillan, 2006). O cloreto de sódio é essencial nos alimentos, uma vez que melhora a qualidade conservante, tecnológica e sensorial dos alimentos (Brady, 2002). Com o avanço diário da tecnologia e a crescente consciencialização sobre os perigos para a saúde relacionados com o consumo de alimentos, os cientistas observaram que o consumo excessivo de sal de mesa que utilizamos no nosso dia a dia conduz a determinados perigos para a saúde. A ingestão excessiva de sódio presente no sal pode levar a doenças como a hipertensão e a pressão arterial elevada. Cerca de um quarto da população mundial sofre desta doença (OMS, 2011). A ingestão elevada de sódio está a aumentar o risco de ataque cardíaco e de tensão arterial elevada (Doyle, 2008; Ostchega *et. al.*, 2008). Os resultados relativos à ingestão de sódio e aos seus efeitos na pressão arterial humana foram obtidos a partir de investigação científica, estudos em animais e outros inquéritos em seres humanos (Doyle, 2008; Kesteloot & Joossens, 1988; Cutler et al., 1997; Meneton *et. al.*, 2005). O mecanismo do efeito do sal na pressão arterial pode dever-se ao aumento do sódio plasmático ou ao aumento do volume do fluido extracelular (De Wardener *et. al.*, 2004). Uma maior ingestão de sódio na dieta está também relacionada com doenças ósseas (Doyle, 2008). O metabolismo do cálcio e do sódio está interligado no corpo humano; à medida que o consumo de sódio na dieta aumenta, a absorção de iões de cálcio diminui. De acordo com o *Dietary Guidelines for Americans* (2010), a ingestão diária recomendada de sódio para um adulto é de 2300 mg por dia (USDA, 2010). A Ação Mundial sobre o Sal e a Saúde, um grupo líder a nível internacional, está a trabalhar com as indústrias e os governos de 80 países para reduzir a ingestão de sódio no corpo humano (WASH, 2005). Os rácios homem/mulher para a ingestão de sódio, potássio e cálcio na dieta para o grupo total foram de 1,46, 1,22 e 1,12, respetivamente, em comparação com 1,36 para a ingestão calórica total (Kesteloot & Joossens, 1988). A correlação foi significativa, a ingestão de sódio e álcool na dieta foi associada positivamente à pressão arterial e a ingestão de cálcio e magnésio na dieta foi associada negativamente à pressão arterial. Não foi encontrada uma relação significativa e independente entre a ingestão de potássio na alimentação e a tensão arterial (Kesteloot & Joossens, 1988). A hipercalemia ocorre quando o consumo de K é superior a 1800 mg/dia. Um nível excessivamente elevado de cálcio no sangue, conhecido como hipercalcemia, pode causar insuficiência renal, calcificação vascular e dos tecidos moles quando a ingestão é superior a 2500 mg de Ca por pessoa e por dia (NHANES, 2003-2006).

O maior inconveniente dos pickles é a presença de uma elevada concentração de ião sódio (Na^+), que pode ter efeitos adversos na saúde humana e na indústria alimentar. As campanhas contra o sal sensibilizaram as pessoas comuns para este problema de saúde em todo o mundo. Os organismos nacionais e internacionais estabeleceram objectivos para a redução do sódio nos regimes alimentares. Muitos produtos alimentares foram lançados na sua versão com baixo teor de sal. A única forma de sal que não contém sódio é a alternativa com baixo teor de sódio, que consiste na substituição do sódio por iões de potássio, magnésio e cálcio. No entanto, algumas pessoas precisam de ter cuidado ao utilizar esta forma de sal, uma vez que também tem algumas desvantagens. O potássio é um mineral que ajuda a baixar a tensão arterial, equilibrando os efeitos negativos do sal. Os nossos rins ajudam a controlar a nossa tensão arterial, controlando a quantidade de líquido armazenado no nosso corpo. Quanto maior for a quantidade de líquido presente no sangue, maior será a tensão arterial. Os rins fazem-no filtrando o sangue e aspirando os líquidos em excesso, que depois armazenam na bexiga sob a forma de urina. Este processo utiliza um equilíbrio delicado de sódio e potássio para puxar a água através de uma parede de células da corrente sanguínea para um canal coletor que conduz à bexiga. O consumo excessivo de sal aumenta a quantidade de sódio na nossa corrente sanguínea e perturba este delicado equilíbrio, reduzindo a capacidade dos nossos rins para remover a água. A substituição parcial do NaCl por KCl ou CaCl2 parece ser uma alternativa para reduzir o teor de sódio. O aumento da ingestão de potássio protege contra acidentes vasculares cerebrais, hipertensão arterial, problemas de ritmo cardíaco, insuficiência renal e até osteoporose (Hall, 2003). A utilização adicional de KCl e CaCl2 para substituir parcialmente o NaCl pode ser útil na redução do teor de sódio (Gillette, 1985). No entanto, a utilização de KCl é limitada principalmente pelo seu sabor amargo e adstringente (Reddy e Marth, 1991). Algumas pessoas referiram um sabor metálico e, por isso, optaram por não utilizar o KCl nos alimentos. Mas uma concentração mista de Na, K e Ca pode ajudar a reduzir a ingestão total de sal no nosso corpo. Por conseguinte, o presente trabalho foi realizado com os seguintes objectivos

1. Investigar a possibilidade de substituir o cloreto de sódio por sais de potássio e de cálcio e desenvolver pickles de manga com baixo teor de sódio.

2. Estudar o efeito da substituição parcial de NaCl nos parâmetros de processamento de pickles.

3. Estudar o efeito da substituição do NaCl nas propriedades sensoriais dos pickles.

4. Otimizar os componentes da mistura de sal para pickles de manga com baixo teor de sódio sem afetar as suas qualidades físico-químicas, bioquímicas, microbiológicas e sensoriais.

REVISÃO DA LITERATURA

A substituição do sal é um tema candente na atualidade quando se trata de questões de saúde. O sal, como o NaCl, contém uma grande quantidade de iões Na^+ , que são os principais responsáveis por doenças de saúde humana como a hipertensão. De entre as várias alternativas, o melhor sal deve fornecer o mínimo de Na^+ nos alimentos sem prejudicar o sabor ao seu nível ótimo. Para além do sabor, há várias propriedades alimentares que também devem ser consideradas antes da seleção de um determinado sal ou da sua combinação como substituto do sal. Foram efectuados vários trabalhos sobre a substituição do sal, mas o número de trabalhos realizados em produtos alimentares como os pickles de manga, que são essencialmente produtos com elevado teor de sal, é muito reduzido. O trabalho intensivo baseou-se no facto de se poder padronizar uma mistura de sal sem comprometer as propriedades e o sabor dos pickles. O estudo foi efectuado e analisado sob os seguintes títulos:

1. Sobre os pickles e a importância dos pickles

O pickle é um produto alimentar transformado muito popular conhecido pela humanidade. O pickle é um dos produtos alimentares transformados mais importantes na Índia. Os pickles são o resultado de uma mistura hábil de especiarias, açúcar e óleo com frutos e legumes, o que lhes confere uma textura estaladiça e firme e um sabor picante e agridoce. Os pickles no Sul da Ásia são geralmente sempre feitos em casa, e cada distrito, aldeia e família tem as suas fórmulas secretas, guardadas a sete chaves e transmitidas de mãe para filha. Em muitas partes da Índia, a qualidade dos pickles feitos por uma noiva é considerada tão valiosa como as suas jóias. Os pickles são produzidos através da fermentação natural de frutos e legumes. Os produtos em pickles dão tempero às refeições e aos petiscos. Os pickles servem de aperitivo e ajudam na digestão, auxiliando o fluxo dos sucos gástricos. A preparação de pickles é também muito praticada nas zonas tribais. Os pickles fermentados também contêm bactérias benéficas que podem controlar os micróbios intestinais nocivos e actuam também como probióticos.

Pruthi e Bedekar, (1963) estudaram as caraterísticas físico-químicas e a aptidão de diferentes variedades de mangas para conserva, nomeadamente as variedades *Beenj, Amlet* e *Beenamini*, e concluíram que a variedade *Amlet* apresentava o maior peso de fruto (466 g) e a recuperação de fatias de manga. O teor de ácido ascórbico, ácido dehidroascórbico e ascorbénio variou de 69,6 a 86,2, 0 a 61 e 1,4 a 2,1 mg/100g, respetivamente, e as três variedades foram consideradas boas em termos de decapagem.

Estudos realizados para avaliar a aptidão de dezanove acessos únicos de manga para a preparação de pickles de manga inteira tenra revelaram que estas variedades se caracterizavam pelo seu sabor ácido e sabor rico a manga crua, que são os mais preferidos para a produção de pickles. Os parâmetros físicos e de qualidade, nomeadamente a forma do fruto, o peso, o sabor a manga crua, a firmeza, a acidez titulável, o fluxo de látex, o pH, a matéria seca e a vitamina C, que são importantes para a qualidade dos pickles, apresentaram grandes variações entre as diferentes variedades. Com base na avaliação sensorial dos pickles de manga verde imatura inteira preparados por fermentação padrão e método de cura, os acessos *viz.,* Kashimidi, Isagoor Appe, Malange, Appemidi, Dantimamidi e Jeerige foram considerados os mais adequados para a preparação de pickles de manga tenra (Vasugi *et a!.,* 2008).

Subba Rao *et al.* (1963) verificaram que uma emulsão conservante preparada com ácido acético (5 g), mostarda castanha em pó (16 g), casca de laranja (0,2 g), curcuma (2 g), goma acácia (8 g) e 100 ml de água para a sua composição, podia conservar os pickles de lima com 7,5 % de sal e os pickles de manga com 9 % de sal, não se verificando qualquer alteração significativa nos atributos de qualidade.

Sastry e Krishnamurthy (1974) referiram que os pickles preparados com mangas de elevada acidez (5 a 6%) com incorporação de mostarda, farinha de grama *de bengala* frita, farinha de gingela, farinha de grama vermelha e variedade de acidez moderada (3,5% de acidez) com farinha de grama verde crua e manga doce (0,27% de acidez) com mostarda e açúcar doce eram aceitáveis e podiam ser distribuídos à indústria para seu benefício.

Gupta (1998) desenvolveu pickles de manga sem óleo, nos quais se experimentou sal e malagueta em pó a diferentes níveis (15, 20, 25 % e 5, 7,5, 10 %, respetivamente), mantendo a assa-fétida constante (1%). Entre todas as combinações (20%) de sal e (7,5%) de malagueta vermelha em pó foi superior no que respeita aos caracteres qualitativos.

Vasugi *et. al., (*2008) avaliaram a adequação de dezanove acessos únicos de manga para a preparação de pickles de manga inteira tenra e revelaram que estas variedades se caracterizavam pelo seu sabor ácido e sabor rico a manga crua, que são os mais preferidos para a produção de pickles. Os parâmetros físicos e de qualidade*, nomeadamente a* forma do fruto, o peso, o sabor a manga crua, a firmeza, a acidez titulável, o fluxo de látex, o pH, a matéria seca e a vitamina C, que são importantes para a qualidade dos pickles, apresentaram grandes variações entre as diferentes variedades. Com base na avaliação sensorial dos pickles de manga verde imatura inteira preparados pelo método padrão de fermentação e cura, os acessos *viz.,* Kashimidi, Isagoor Apple, Malange,

Appemidi, Dantimamidi e Jeerige foram considerados os mais adequados para a preparação de pickles de manga tenra.

Tamer (2012) efectuou uma avaliação da qualidade de pickles de couve-flor em conserva preparados com diferentes ingredientes. Os floretes de couve-flor foram escaldados em água contendo NaCl (0,1%), ascorbato de cálcio (0,25%), ácido cítrico (0,1%), ácido ascórbico (0,5%) e metabissulfito de sódio (160 ppm) para inibir o escurecimento enzimático. Foram utilizadas seis salmouras diferentes, constituídas por sal (4%), ascorbato de cálcio (0,25%), ácido acético (1%), ácido lático (1%), ácido cítrico (1%) e as suas combinações com L-c cisteína (0,25%). O rácio de redução mais baixo e o mais elevado da atividade antioxidante foram determinados na amostra que incluía ácido cítrico e na amostra de controlo como 2,90 e 72,79%, respetivamente. Também a amostra contendo ácido lático foi preferida para a dureza

Bhagwati e Deka (2004) realizaram uma experiência na qual dez espécies de bambu foram selecionadas para padronizar a receita para a preparação de pickles. O produto fermentado de *Bholuka* (Bambusa balcooa) obteve a pontuação sensorial mais elevada de oito entre todas as espécies. Entre as receitas experimentadas, ralar, escaldar e tratar com uma concentração de sal de dois por cento, condimentar e deixar fermentar foi considerada a melhor, uma vez que registou a pontuação sensorial mais elevada (8,00).

Johar e Anand (1956) recomendaram que o fruto de amla fosse mergulhado numa solução salina a 10% contendo 0,5% de ácido acético e 10% de curcuma em pó durante um período de um mês antes de ser decapado, enquanto Sastry e Siddappa (1959) verificaram que o tratamento prolongado do amla em salmoura destrói o teor de ácido ascórbico até 93%.

Sastry *et al* (1975) estudaram os pickles indianos e o estudo do armazenamento de pickles de manga revelou que o teor de humidade inicial nos pedaços de fruta variava entre 70% e 72% durante cerca de 1 a 2 meses. Durante o envelhecimento, reduziu-se de 64% para 63%. Após 1 ano de armazenamento, tanto a porção de fruta como o molho tinham 50 e 53% de teor de humidade, respetivamente.

Haware e Rao (1979) realizaram estudos sobre os pickles de karonda e observaram um teor de humidade de 72,9 e 92,7% nos pickles de karonda da variedade vermelha branca e da variedade verde violeta, respetivamente.

Kanekar *et al* (1989) efectuaram estudos sobre a conservação de pickles de manga contra a deterioração e observaram que as amostras de pickles preparadas com 10% de sal e 0 a 40% de óleo se deterioravam no prazo de 80 dias após a inoculação de *A. niger* e que o teor de humidade não se alterava muito com a deterioração.

Gupta *et al* (1992) verificaram que, no caso dos pickles de malagueta recheados preparados com diferentes tratamentos, o teor de humidade aumentou com o avanço do período de armazenamento de 9 meses em todos os pickles.

Kumari *et al* (1993) analisaram chucrute e encontraram 92,33% de teor de humidade em 3 amostras de 1, 2,25 e 3,5% de concentração de sal.

Chawla *et al* (2005) observaram que os sólidos totais aumentaram de 22,57% para 24,30% nos pickles de cenoura após 4 meses de armazenamento.

Gupta *et al* (1992) referiram que as malaguetas vermelhas para a preparação de pickles de malagueta recheada, mergulhadas no líquido contendo 10% de sal e 10% de ácido acético, registaram um aumento do TSS de 14 para 15° B após 3 meses de armazenamento.

Sastry e Krishnamurthy (1974) fizeram a sua experiência com mangas de baixa (cerca de 1%), média (cerca de 3,6%) ou alta acidez (5-6%) e foram conservadas em pickles seguindo um procedimento normalizado. Foram produzidos pickles de boa qualidade a partir de mangas de acidez elevada (5-6%) combinadas com pó de sementes de mostarda, grão de Bengala frito ou pó de sementes de gingela frita. Os pickles de mangas de acidez média (3,5%) eram pobres em textura e sabor, particularmente quando a mostarda foi substituída por outras farinhas, exceto a farinha de grão verde cru. As mangas doces (0,27%) deram pickles de má qualidade, exceto quando combinadas com mostarda e açúcar de cana.

Darmayanti *et. al.,* (2014) estudaram para determinar as caraterísticas do pickle de rebentos de bambu tabah, tais como o total de bactérias lácticas (LAB), o pH, a acidez total e o teor de ácido cianídrico (HCN), e também para encontrar o tipo de LAB envolvido durante a fermentação e os perfis de ácidos orgânicos. Os resultados mostraram que, durante o tempo de fermentação, no 4º dia, o número de LAB foi mais elevado, atingindo 72 x 107 CFU/ml, e o pH mais baixo foi 3,09. Os ácidos orgânicos detectados durante a fermentação foram o ácido lático com a concentração mais elevada de 0,0546 g/100 g e uma pequena quantidade de ácido acético. Utilizando o método PCR, as 18 BAL que tinham forma de bastonete foram detectadas como membros de *Lactobacillus* spp.

Talathi *et al.* (2003), no seu estudo sobre o valor acrescentado e a criação de emprego em fábricas de transformação de manga realizado nos distritos de Ratnagiri e Sindhudurg do Estado de Maharashtra, observaram que o valor acrescentado bruto era de 1726,39 rupias (152,41%) na polpa,

1522,26 rupias (507,42%) nos pickles, 7782,31 rupias (114,87%) na abóbora e 161,25 rupias (53,75%) no caso das fatias cruas em salmoura. No que respeita ao valor acrescentado líquido, este foi de 65,40%, 16,67%, 203,38% e 12,04%, respetivamente. O pickle foi o produto mais rentável da manga, seguido da polpa, da abóbora e das fatias cruas em salmoura.

2. Bactérias do ácido lático

As BAL fazem parte de um grupo importante de cocos ou bastonetes gram positivos, não formadores de esporos, que produzem ácido lático como principal produto final. O mecanismo básico da conservação de alimentos é a produção de ácido, principalmente por BAL, que baixa o pH para um nível em que a maioria dos microrganismos causadores de deterioração não pode crescer e, assim, o alimento é conservado. As BAL são reconhecidas pela sua capacidade fermentativa, aumentando assim a segurança alimentar, melhorando os atributos organolépticos, enriquecendo os nutrientes e aumentando os benefícios para a saúde. Os frutos e legumes fermentados podem ser utilizados como uma fonte potencial de probióticos, uma vez que albergam várias bactérias do ácido lático, tais como *Leuconostoc mesenteroides, Lactobacillus brevis, Lactobacillus plantarum, Pediocccus cerevisiae, Streptococcus thermophilus, Streptococcus lactis, Lactobacillus bulgaricus, Lactobacillus acidophilus, Lactobacillus citrovorum, Bifidobacterium bifidus* e *L. pallax.*

Borg *et. al.*, (1972) estudaram o efeito de sais solares, de rocha (NaCl) e granulados no crescimento de 4 espécies microbianas de bactérias do ácido lático. Não foram observadas diferenças significativas nas populações microbianas nos testes dos três tipos de sal para bactérias aeróbias, bactérias aeróbias formadoras de esporos, bactérias anaeróbias, bactérias anaeróbias formadoras de esporos, bactérias do ácido lático, bactérias coliformes, leveduras e bolores. O padrão de inibição com os três tipos de sais em concentrações crescentes de sal (5%, 7,5% e 10%) foi típico para as espécies de bactérias do ácido lático testadas. A pesquisa de bactérias halófilas verdadeiras não revelou qualquer crescimento acentuado destes microrganismos a partir do sal solar ou dos outros tipos de sal investigados.

Somda *et. al.*, (2011) trabalharam sobre o Efeito de Sais Minerais no Processo de Fermentação utilizando Resíduos de Manga como Fonte de Carbono para a Produção de Bioetanol. Foram estudados os efeitos de diversos sais sobre os perfis de fermentação. Foram propostas diferentes suplementações, como extrato de levedura, MgS04, MnS04, FeS04 e KH2P04. Os resultados mostraram que a fermentação em meio mineral mostrou que a cepa de levedura W1 pode produzir até 13 g L^{-1} de bioetanol em caldo de hidrolisado de resíduo de manga contendo 76% de açúcares redutores. No entanto, a produção máxima de 21,75 g L^{-1} de bioetanol foi atingida após a otimização das condições químicas.

Uroic *et al.*, (2014) estudaram as propriedades probióticas de BAL isoladas do queijo fresco croata e do queijo branco sérvio em conserva. Os resultados demonstraram que as estirpes eram altamente adesivas às células Caco-2 semelhantes a enterócitos humanos e, em menor grau, às células HT29-MTX, com exceção da estirpe *Lb. brevis* BGGO7-28, que apresentou uma percentagem semelhante de adesão a ambas as linhas celulares. Os resultados obtidos neste estudo demonstram que determinados isolados de BAL de produtos lácteos exibem propriedades probióticas específicas da estirpe. Assim, poderiam ser examinados mais aprofundadamente como parte de culturas de arranque autóctones mistas para a produção tradicional de queijo em condições controladas.

Kamdee *et al.,* (2014) estudaram a diversidade de BAL e as suas alterações durante a fermentação da mostarda verde em pickle azeda, tanto na fermentação natural como na fermentação adicionada de cultura de arranque. Foram selecionadas aleatoriamente dez colónias bacterianas de cada momento e a impressão digital genómica de cada isolado foi gerada utilizando a técnica de PCR baseada em elementos repetitivos (rep- PCR). O lote de controlo sem cultura de arranque mostrou sinais de deterioração indicados pelo aumento do pH de 3,33 para 4,44 ao 7º dia, enquanto nos lotes adicionados de cultura de arranque o pH permaneceu baixo durante todo o período de fermentação.

3. Fermentação do ácido lático

A fermentação do ácido lático é basicamente produzida por LAB. Ajuda a reter todos os ingredientes naturais das plantas, melhorando a qualidade, o sabor e o aroma. A fermentação láctica melhora a qualidade organoléptica e nutricional dos frutos e legumes fermentados e retém os nutrientes e os pigmentos coloridos. A fermentação do ácido lático é basicamente efectuada por BAL. O ácido lático é produzido naturalmente em produtos fermentados a partir do açúcar presente na amostra de fruta. O consumo de frutas e legumes fermentados com ácido lático ajuda a melhorar a nutrição humana de várias formas, tais como a obtenção de uma nutrição equilibrada, o fornecimento de vitaminas, minerais e hidratos de carbono e a prevenção de várias doenças, como a diarreia e a cirrose hepática, devido às propriedades probióticas. A fermentação do ácido lático aumenta o prazo de validade das frutas e dos produtos hortícolas e também melhora várias propriedades benéficas, incluindo o valor nutritivo e os sabores, e reduz a toxicidade.

A otimização da composição do meio para a produção de ácido lático por novos *lactobacillus plantarum* LMISM6 cultivados em melaço foi estudada por Coelho *et. al.,*(2011). Sete componentes do meio adicionados ao melaço foram licor de milho, acetato de sódio, sulfato de magnésio, sulfato de manganês, citrato de amónio, fosfato de potássio e Tween 80. O licor íngreme de milho (CSL), o K2HPO4 e o Tween 80 aumentaram a produção de ácido lático. Obteve-se uma produção máxima de ácido lático de 94,8 g L-1 quando as concentrações de melaço, CSL, K2HPO4 e Tween 80 foram 193,50 g L-1, 37,50 mL L-1, 2,65 g L-1 e 0,83 mL L-1, respetivamente

Wiander e Korhonen (2011) estudaram a utilização de sal mineral, ervas e especiarias em combinação com estirpes isoladas de bactérias do ácido lático na fermentação de chucrute. O sal mineral difere do sal comum porque o NaCl é parcialmente substituído por KCl. O sal mineral contém 28% de KC1 e 57% de NaCl. A qualidade sensorial de todos os sumos prensados foi considerada boa ou aceitável. Os resultados deste estudo preliminar mostram que é possível produzir chucrute e sumo de chucrute de boa qualidade e com um pH de aproximadamente 3,8 utilizando sal mineral com uma concentração final de 0,5% de NaCl.

Anand e Dass (1971) estudaram o efeito dos condimentos na fermentação do ácido lático em pickles de nabo doce e referiram que o sal, o açúcar e a mostarda eram os condimentos importantes utilizados em grandes proporções na preparação de pickles de nabo doce. A taxa e o aumento máximo da produção de ácido lático foram mais elevados nos pickles com 4 a 8% de sal. O aumento da concentração de mostarda em pó de 6 para 10 por cento promoveu ainda mais o desenvolvimento de acidez nos pickles. A formação de ácido lático em pickles com sal e mostarda pode ser aumentada com a adição de 1 a 2% de gur ou jaggery, mas a adição de 25% de açúcar retardou consideravelmente o desenvolvimento da acidez no pickle de nabo doce.

Juhanz *et al.*, (1974) efectuaram experiências de decapagem de legumes por inoculação com culturas puras de bactérias do ácido lático. As experiências foram efectuadas com quatro estirpes (*Pediococcus cerevisiae, Leuconostoc mesenteroides, Lactobacillus brevis, L. plantarum*). Foram inoculados repolho cru salgado e pepino comercial tratado termicamente em licor de decapagem esterilizado. Os ácidos totais e as propriedades organolépticas foram determinados durante 1 a 3 dias de preparação. Os produtos inoculados com *L. brevis* tinham melhor sabor e paladar. Em geral, os produtos decapados em licores inoculados simultaneamente com vários tipos de culturas puras, incluindo os tratados com bactérias heterofermentativas do ácido lático, apresentaram melhor sabor e paladar.

Stevenson *et al.,* (1979) estudaram a fermentação aeróbica da salmoura do processo de salmoura por *Candida utilis* NRRL Y - 900. Após um período de atraso, os organismos cresceram bem na salmoura. O período de atraso foi substancialmente reduzido pela adição de 0,5 por cento de Na2HPO4. Em condições óptimas, as culturas reduziram a CBO em 91% no espaço de 20 horas, com uma produção concomitante de 1 - 2 g de levedura na salmoura. Em experiências utilizando salmoura não pasteurizada, *C. utilis* não foi capaz de crescer tão rapidamente como algumas das leveduras que ocorrem naturalmente. Duas leveduras do processo de salmoura, identificadas como *Pichia spp*. utilizaram a salmoura com um período de atraso mais curto e uma taxa de crescimento mais rápida do que *C. utilis*.

Costilow *et al*., (1981) efectuaram estudos sobre a purga com ar de pickles comerciais fermentados com sal. Verificou-se que a purga de ar era tão eficaz como o azoto na prevenção da formação de bloaters (pickles ocos) e que não havia efeito significativo dos vários tratamentos utilizados. A qualidade global média do caldo de sal era equivalente à dos tanques purgados com azoto.

Costilow e Uebersax (1982) estudaram o efeito de vários tratamentos na qualidade dos pickles salgados provenientes de fermentações comerciais purgadas com ar. Foram efectuados ensaios para evitar o amolecimento esporádico dos pickles devido à purga com ar das fermentações naturais. Foram testados diferentes tratamentos que envolviam a limitação do oxigénio nas salmouras durante 1 ou 2 dias após a salmoura ou a adição de sorbato de potássio às salmouras para inibir o desenvolvimento de bolores. Em todos os tanques examinados e em todos os tratamentos, foram encontrados pickles de sal de boa qualidade.

Buescher e Burgin (1988) estudaram o efeito do cloreto de cálcio e do alúmen na fermentação, dessalinização e retenção da firmeza dos pickles de pepino. A fermentação e a dessalga não foram afectadas pelo tratamento com cloreto de cálcio das salmouras de fermentação. O tratamento pós-dessalga com alúmen e/ou cloreto de cálcio dos pickles não expostos previamente ao cloreto de cálcio também reduziu o amolecimento. A retenção da firmeza foi maximizada nos pickles processados a partir de salmouras de fermentação e armazenamento contendo cloreto de cálcio e tratados com alúmen ou cloreto de cálcio após a dessalga.

Kanekar *et al*. (1989) estudaram o papel do sal, do óleo e da acidez nativa na conservação de pickles de manga contra a deterioração microbiana. Os pickles de manga inoculados com uma estirpe de *Aspergillus niger* tolerante ao sal estragaram-se com 10% de sal, 40% de óleo e 4,2% de acidez nativa. A concentração de sal de 15% protegeu os pickles contra a deterioração pelo organismo inoculado, bem como pela flora nativa dos pickles. Os autores observaram uma deterioração nos pickles de manga com um crescimento pesado e branco da superfície cotonosa com esporângios pretos claramente visíveis. Os organismos foram identificados como *Rhizopus sp*. e pareciam ser predominantes na flora nativa.

Oloo *et. al*., (2013) estudaram os efeitos da fermentação com ácido lático no perfil sensorial da batata-doce de polpa alaranjada. Neste estudo, as variedades de batata-doce de polpa alaranjada foram fermentadas com *Lactobacillus plantarum* MTCC 1407 a 25 ± 2°C durante 48 h e mantidas durante 28 dias para produzir lactopickles. Os produtos fermentados foram submetidos a um painel de avaliação para determinar o perfil de sabor. As pontuações sensoriais do produto foram de (1,5-2,5) numa escala hedónica de 5 pontos, variando de não gosto ligeiramente a gosto muito. O produto com níveis de salmoura de 4 e 6% foi considerado o mais preferido. Concluiu-se que o lacto-pickle de batata-doce, rico em p-caroteno, é um produto novo que pode encontrar uma ampla aceitação com boas perspectivas de comercialização em indústrias de pequena escala.

Joshi e Sharma, **(***2008***)** estudaram a fermentação do ácido lático do rabanete para a sua conservação e decapagem. O rabanete ralado, quando fermentado após a adição de 2,5% de sal a uma temperatura de 25±1°C, pode ser armazenado durante um período de 15 dias em condições de refrigeração sem qualquer deterioração. A adição de benzoato de sódio a 500 ppm registou a contagem microbiana total mais baixa, enquanto a contagem de fungos foi a mais baixa no rabanete tratado com 500 ppm de ácido sórbico. Não se registou qualquer contagem de leveduras nos tratamentos em que se adicionou 500 ppm de benzoato de sódio, ao passo que a acidez titulável foi a mais baixa nos pedaços em que não se adicionou qualquer conservante. O TSS mais elevado (^{O} B) foi retido nos fragmentos aos quais foi adicionado ácido sórbico - benzoato de sódio a 250ppm.

Fleming *et. al.,* (1995) investigaram a fermentação de pepinos sem cloreto de sódio em condições laboratoriais, desde que os frutos fossem escaldados (3 min, 77°C) antes da salmoura num tampão de acetato de cálcio e a salmoura inoculada com *Lactobacillus plantarum.* A firmeza dos pepinos era semelhante nas salmouras sem sal ou nas que continham sal após 1 mês, mas a firmeza dos pepinos sem sal era inferior após armazenamento durante 12 meses. No entanto, em condições comerciais à escala-piloto, os pepinos estavam muito inchados e a firmeza era inaceitável após armazenamento durante 7 meses devido, aparentemente, à recontaminação microbiana após o branqueamento.

Panda *et. al.*, (2006) efectuaram a fermentação do ácido lático da batata-doce em pickles. As batatas-doces foram conservadas em pickles por fermentação láctica através da salmoura das raízes cortadas e escaldadas em solução de sal comum (NaCl, 2-10%) e subsequentemente inoculadas com uma estirpe de Lactobacillus plantarum (MTCC 1407) durante 28 dias. O tratamento com 8-10% de solução de salmoura foi considerado o mais aceitável do ponto de vista organolético. O produto final com soluções de salmoura a 8 e 10% tinha um pH de 2,9-3,0, acidez titulável de 2,9-3,7 g/kg, LA de 2,6-3,2 g/kg e amido de 58-68 g/kg com base no peso fresco. A avaliação sensorial classificou o lacto-pickle de batata-doce como aceitável com base na textura, sabor, aroma, sabor e gosto residual.

4. Papel do sal na fermentação

A decapagem é efectuada numa solução salina de alta concentração. As BAL podem tolerar uma concentração elevada de sal, o que lhes dá uma vantagem sobre outras espécies menos tolerantes ao sal e permite-lhes crescer e produzir ácido que inibe o crescimento de microrganismos indesejáveis. A adição de sal aos pickles restringe o crescimento de outras bactérias gram-negativas e aumenta o crescimento de bactérias benéficas como as BAL e *Leuconostoc* sp. O principal objetivo da adição de sal é criar um ambiente salino dentro dos pedaços de fruta que assegure um ambiente perfeito de crescimento e multiplicação para os micróbios benéficos, impedindo assim que outros microrganismos prejudiciais aí habitem.

Muzaddadi e Mahanta, (2012) trabalharam sobre os efeitos do sal, do açúcar e da cultura inicial na fermentação e nas propriedades sensoriais do *Shidal*, que é um produto de peixe fermentado. Observaram que duas bactérias predominantes do *shidal* tradicional fresco foram isoladas e identificadas como *Staphylococcus aureus* coagulase negativa e *Micrococcus* sp. O método de fermentação pode ser encurtado para 2 meses sem diferenças significativas entre a qualidade do produto. Este método modificado de preparação de shidal pode ser utilizado pelos produtores de *shidal* para aumentar a produção em duas vezes por ano.

Amr e Jabay (2004) investigaram o efeito da iodização do sal na qualidade dos legumes em pickles e concluíram que a iodização do sal não teve qualquer efeito significativo na taxa de penetração do sal nos legumes em pickles ou no teor de iodo dos pickles, independentemente da fonte de sal ou da forma de iodo adicionada. A iodização do sal não teve efeito significativo no teor de vitamina C e A dos vegetais, independentemente da forma de iodo utilizada.

Geeta e Prakash (2006) examinaram as caraterísticas de qualidade dos pickles de lima preparados com diferentes sais e concluíram que os preparados com sais de fluxo livre, iodados e saudáveis foram considerados aceitáveis com pontuações sensoriais de 7,91, 7,51 e 8,11, respetivamente. Por outro lado, os pickles preparados com sal grosso e sal preto obtiveram pontuações mais baixas (6,72 e 5,09, respetivamente).

Karagozlu *et al.*, (2008) estudaram o efeito da substituição total e parcial de cloreto de sódio (NaCl) por cloreto de potássio (KCl) nas propriedades sensoriais do queijo branco em pickle e concluíram que a amostra A (100 % NaCl) e a amostra C (75% NaCl & 25% KCl) foram as mais preferidas pelos membros do painel no que diz respeito ao aspeto, sabor e textura em comparação com as amostras

B, D & E (NaCl: KCl- 0:100, 50:50 & 25:75 respetivamente).

Amr *et. al.,* (2004) investigaram o efeito da iodização do sal na qualidade dos legumes em pickles e concluíram que a iodização do sal não teve qualquer efeito significativo na taxa de penetração do sal nos legumes em pickles ou no teor de iodo dos pickles, independentemente da fonte de sal ou da forma de iodo adicionada. A iodização do sal não teve efeito significativo no teor de vitamina C e A dos vegetais, independentemente da forma de iodo utilizada.

Bhagwati *et. al.,* (2004) realizaram uma experiência na qual foram selecionadas dez espécies de bambu para padronizar a receita de preparação de pickles. O produto fermentado de *Bholuka* (Bambusa balcooa) obteve a pontuação sensorial mais elevada de oito entre todas as espécies. Entre as receitas experimentadas, ralar, escaldar e tratar com uma concentração de sal de dois por cento, condimentar e deixar fermentar foi considerada a melhor, pois registou a pontuação sensorial mais elevada (8,00).

Veldhuis *et al.,* (1941) estudaram a influência da adição de açúcar às salmouras na fermentação de pickles. A adição de 6 lb. de açúcar (sacarose) por barril no início, na produção de caldo de sal curado de acordo com um programa de 40 graus, em comparação com um tratamento de controlo de 40 graus que não recebeu açúcar. Quatro barris foram iniciados na mesma data com pepinos (2.400 contagens1) que eram semelhantes no que diz respeito à aparência. Os resultados mostram que ocorreu um aumento acentuado na percentagem de bolhas formadas quando se adicionou açúcar à salmoura e aponta fortemente para a indesejabilidade de tais adições.

Maruvada e McFeeters, (2009) avaliaram o amolecimento enzimático e não enzimático em fermentações de pepino com baixo teor de sal. Este estudo mostrou que existe um amolecimento não enzimático em fermentações com baixo teor de sal porque os pepinos amolecem mesmo quando aquecidos o suficiente para inativar a pectinesterase e várias glicosidase que podem hidrolisar as ligações glicosídicas presentes nos polissacáridos da parede celular. Embora a atividade da pectinesterase diminua e estas glicosidases percam atividade na primeira semana de fermentação, há geralmente uma maior perda de firmeza do tecido do pepino quando as enzimas não são inactivadas pelo calor. Este resultado sugere que as reacções enzimáticas responsáveis pelo amolecimento ocorrem no início do processo de fermentação, embora o amolecimento não se torne evidente até mais tarde no período de armazenamento.

5. Problemas de saúde resultantes do consumo excessivo de sal (NaCl)

Zhou *et. al.,* (2013) estudaram os efeitos a longo prazo da substituição do sal na pressão arterial numa população rural do norte da China. realizaram um ensaio controlado aleatório, em dupla ocultação, entre 200 famílias da China rural para estabelecer os efeitos a 2 anos de um substituto do sal com baixo teor de sódio e elevado teor de potássio (65% de cloreto de sódio, 25% de cloreto de potássio, 10% de sulfato de magnésio) em comparação com o sal normal (100% de cloreto de sódio) na pressão arterial. Dos 462 indivíduos que participaram no ensaio, 372 completaram o estudo (81%). A pressão arterial diastólica não foi afetada pelo consumo de sal no grupo dos hipertensos. A substituição do sal diminui a pressão arterial sistólica nos pacientes hipertensos e diminui a pressão arterial sistólica e diastólica nos controlos normotensos.

Kesteloot e Joossens, (1988) estudaram a relação entre o sódio, o potássio, o cálcio e o magnésio da dieta e a tensão arterial no grupo total (4167 homens e 3891 mulheres). A análise de regressão múltipla ajustada para a idade, o índice de massa corporal, a frequência cardíaca, a ingestão de álcool e a ingestão calórica total revelou uma correlação positiva significativa entre a ingestão de sódio e a pressão arterial no grupo não tratado para a hipertensão, exceto para a pressão arterial diastólica nas mulheres. Foi encontrada uma correlação negativa significativa entre o consumo de cálcio na alimentação e a tensão arterial diastólica nos homens e entre o consumo de magnésio na alimentação e a tensão arterial sistólica nas mulheres. Não foi possível estabelecer um efeito independente da ingestão de potássio na pressão arterial.

6. Alternativas ao NaCl / Soluções prováveis

Pereira *et. al.*, (2015) estudaram a otimização de mistura de sais com baixo teor de sódio para batata palha utilizando cloreto de sódio, cloreto de potássio e glutamato monossódico para o desenvolvimento de batata palha com baixo teor de sódio e altas qualidades sensoriais. A mistura de sais que promove o mesmo poder de salga e similar aceitabilidade sensorial que a batata palha com 1,6% de cloreto de sódio (concentração ideal) e ao mesmo tempo promove a maior redução possível de sódio, cerca de 65%, deve apresentar a seguinte composição 0,48% de cloreto de sódio, 0,92% de cloreto de potássio e 0,43% de glutamato monossódico.

Feltrin *et. al.*, (2015) efectuaram um estudo sensorial de diferentes substitutos do cloreto de sódio em solução aquosa. As potências relativas do cloreto de potássio, glutamato monossódico, fosfato de potássio, lactato de cálcio e lactato de potássio em relação a uma solução aquosa com 0,75% de cloreto de sódio foram 74,75%, 59,52%, 60,48%, 11,40% e 4,96%, respetivamente. Uma avaliação dos perfis sensoriais do cloreto de potássio, do fosfato de potássio, do lactato de cálcio e do glutamato monossódico revelou que o salgado, bem como outros sabores, incluindo o amargo, o azedo, o umami e um sabor indesejável não identificado, são dominantes. O cloreto de potássio foi o único que apresentou um perfil sensorial temporal semelhante ao do cloreto de sódio.

Huynh *et. al.*, (2016) estudaram a utilização de molho de peixe como substituto do cloreto de sódio em molhos culinários e os efeitos nas propriedades sensoriais. Os participantes classificaram 5 amostras de cada alimento com diferentes teores de NaCl e/ou molho de peixe em 3 atributos sensoriais: deliciosidade; intensidade do sabor; e salinidade. Os nossos resultados demonstram que foi possível reduzir o NaCl no caldo de galinha, no molho de tomate e no caril de coco em 25%, 16% e 10%, respetivamente, sem uma perda significativa ($P < 0,05$) na deliciosidade e na intensidade geral do sabor. Estes resultados sugerem que é possível substituir o NaCl em alimentos por molho de peixe sem reduzir a intensidade geral do sabor e a aceitação do consumidor.

7. Estratégias para minimizar o consumo de sal (NaCl)

Emorine *et. al.*, (2014) estudaram a forma como o tamanho das partículas do fiambre influencia a perceção do sal em flans. O efeito dos tamanhos das partículas de fiambre (4 níveis, incluindo um nível zero) na perceção do sal e no gosto do consumidor de flans que variam nas suas concentrações globais de sal (baixo e alto teor de sal). Os resultados deste estudo indicaram, em primeiro lugar, que a adição de fiambre às flans aumentava a perceção do sabor salgado e, em segundo lugar, que uma diminuição do tamanho das partículas de fiambre (fiambre moído) aumentava a perceção do sal. Além disso, as flans com baixo e alto teor de sal foram igualmente apreciadas, demonstrando que os fabricantes de alimentos podem reduzir o teor de sal (neste caso, em mais de 15%), mantendo a aceitabilidade do consumidor através da manipulação do tamanho das partículas que fornecem sal.

Galvao *et. al.*, (2014) estudaram os efeitos do cloreto de sódio micronizado no perfil sensorial e na aceitação do consumidor de presunto de peru com teor reduzido de sódio. Cinco formulações - F1 (controle - 2,0% de NaCl), F2 (1,7% de NaCl), F3 (1,4% de NaCl), F4 (1,7% de NaCl micronizado) e F5 (1,4% de NaCl micronizado) - foram avaliadas quanto ao teor de cloreto de sódio e pelos consumidores por meio de uma escala hedônica de nove pontos para aceitabilidade global e CATA (check-all- that-apply) utilizando 24 descritores sensoriais. Os consumidores caracterizaram as formulações com menor teor de sal como "menos salgadas e menos condimentadas" em comparação com o conteúdo do controlo. Os resultados obtidos indicam que é possível reduzir o teor de NaCl em 30% sem afetar a aceitação do produto pelo consumidor. A utilização de sal micronizado não afectou as caraterísticas sensoriais quando comparadas com as das formulações contendo o mesmo teor de cloreto de sódio.

Mueller *et. al.*, (2016) trabalharam na aplicabilidade de estratégias de redução de sal na massa de pizza, reduzindo o sódio em 10% numa única etapa ou substituindo 30% do NaCl por KCl sem uma perda percetível do sabor salgado. A adição tardia de NaCl de grão grosso (tamanho do cristal: 0,4-1,4 mm) à massa de pizza levou a um aumento do salgado através do contraste de sabor e a uma entrega acelerada de sódio medida na boca e num modelo de simulador de mastigação. Da mesma forma, a aplicação de uma solução aquosa de sal num dos lados da crosta da piza levou a um aumento da perceção do salgado através de uma disponibilidade mais rápida de sódio, levando a um maior contraste na concentração de sódio. Cada uma destas duas estratégias permitiu uma redução de sódio de até 25%, mantendo a qualidade do sabor.

Pandey *et. al.*, (2011) tentaram desenvolver um novo método para produzir *pickles* de limão indiano (*Citrus limonum*) de baixa salinidade e mais saudáveis. Foram preparadas três concentrações de salinidade de pickles de limão: 5%, 10% e 15%. A adição de *Bacillus coagulans* à amostra de pickles de 5% resultou num produto final que era qualitativamente igual às outras duas amostras de pickles de elevada salinidade. As qualidades organolépticas dos pickles de baixa salinidade foram idênticas às das amostras de pickles de alta salinidade, mantendo os mesmos níveis de palatabilidade e prazo de validade. A quantificação de BAL foi efectuada na amostra de pickles de baixa salinidade, tendo-se verificado que era de 56 x 10^4 CFU. A produção de pickles de baixa salinidade e altamente saudáveis será uma bênção para os agregados familiares indianos médios, através da qual os efeitos secundários do consumo contínuo de pickles, como a tensão arterial elevada, podem ser significativamente reduzidos.

8. Aplicação de sal, com exceção do NaCl ou de algum intensificador de sal

Shivani e Shaivya (2014) estudaram a substituição de cloreto de sódio por cloreto de potássio em pickles de limão *(Citrus limon)*. A substituição do cloreto de sódio por cloreto de potássio não afectou a qualidade dos pickles de limão durante 90 dias de armazenamento. Foi possível fabricar pickles de limão com baixo teor de sódio substituindo 50% e 75% de NaCl por KCl. A acidez registou um aumento consistente durante o período de armazenamento em pickles com elevado teor de potássio após 60 dias de armazenamento. Foi também observado um aumento não significativo do teor de humidade durante o armazenamento. A aceitabilidade global das amostras de pickles preparadas com 50% e 75% de substituição foi considerada dentro de limites aceitáveis.

Kennet *et al.,* (2015) estudaram as caraterísticas de qualidade selecionadas do queijo Cheddar com baixo teor de sódio afectadas pelo KCL e pela glicina. Este estudo avaliou os efeitos da substituição de sal, KCl e glicina como bloqueador de amargor, em caraterísticas de qualidade selecionadas de queijo Cheddar com baixo teor de sódio durante cinco meses de armazenamento. Este estudo mostrou que a substituição do NaCl no queijo Cheddar por KCl e glicina afectou algumas caraterísticas físico-químicas e as contagens de fermentos lácteos durante 5 meses de armazenamento.

A otimização da redução de sódio utilizando várias misturas de sal inteligente foi trabalhada por Hunt *et al.,* (2014). Foi observado que as amostras que continham cloreto de cálcio (CaCl2) tinham valores de textura ligeiramente reduzidos. Os resultados demonstraram que os ingredientes optimizados de sal inteligente podem ser utilizados eficazmente para reduzir o teor de sódio dos géis de Surimi, maximizando a textura do gel semelhante ou superior ao controlo da indústria (NaCl). As amostras contendo cloreto de cálcio apresentaram valores de textura ligeiramente reduzidos; no entanto, a leveza do gel foi ligeiramente melhorada. Os resultados demonstraram que os ingredientes Smart Salt optimizados podem ser utilizados eficazmente para reduzir o teor de sódio dos géis de Surimi, maximizando a textura do gel semelhante ou superior ao controlo da indústria (NaCl).

Foram efectuados estudos sobre o equilíbrio da composição macro-mineral de pickles de pepino frescos para melhorar a qualidade nutricional e manter o sabor no Laboratório de Fermentação Alimentar do Departamento de Agricultura dos EUA (Mcfeeters e Fleming, 1996). O equilíbrio nutricional macro-mineral dos pickles de pepino com endro fresco foi melhorado sem perda de qualidade do sabor. Um produto com aceitabilidade de sabor igual ao produto original foi obtido se o NaCl fosse reduzido em 40%.

A avaliação da qualidade e organoléptica dos pickles de aonla foi efectuada por Reddy e Chikkasubbanna (2010). Todas as amostras apresentavam um ligeiro amargor aquando da preparação, mas aos 90 dias de armazenamento dos pickles não se observou qualquer amargor. O produto não sofreu qualquer deterioração durante a armazenagem. O pickle de óleo misto preparado com fruta de aonla (35%), manga e gengibre (10%), malagueta verde (10%), gengibre (10%), sal (12%) e outros ingredientes como malagueta em pó (8%), feno-grego em pó (2%), curcuma em pó (1%), coentros em pó (5%), mostarda torrada (4%) e óleo de gengibre (25%) foi classificado como o melhor, com as pontuações mais elevadas nos parâmetros de qualidade organoléptica, como aspeto, aroma e sabor, sabor e aceitabilidade global.

Zhang *et. al*. (2016) estudaram a influência da substituição parcial de NaCl por KCl na formação de compostos voláteis no presunto Jinhua durante o processamento. A influência da substituição parcial de NaCl por KCl na formação de compostos voláteis durante o processamento do presunto Jinhua foi avaliada utilizando o sistema GC/MS. O presunto Jinhua foi tratado com 100% de NaCl (I) ou 60% de NaCl e 40% de KCl (II). A formação de compostos voláteis aumentou nos presuntos Jinhua durante o processamento para ambas as formulações de sal, particularmente no final do período de salga. Registaram-se diferenças na formação de compostos voláteis entre as formulações I e II após 45 dias de processamento. Os teores de voláteis derivados de lípidos (hexanal) e de aldeídos de Strecker (2-metilbutanal e 3-metilbutanal) foram mais elevados nos presuntos de Jinhua tratados com a formulação II após 45 dias de transformação. A substituição parcial do sal de NaCl por KCl alterou a formação de compostos voláteis nos presuntos de Jinhua e pode ter afetado o sabor dos produtos acabados.

Irmscher *et. al.*, (2016) estudaram a substituição do gelo por uma solução de sal de cura durante a produção de massa de carne utilizando a tecnologia de moagem por bomba de palhetas. Os efeitos da substituição do gelo picado por uma solução de sal de cura. Postulou-se que a injeção de uma solução salina em vez da adição de gelo diminui o consumo de energia das unidades de redução de tamanho, uma vez que as forças necessárias para triturar a mistura de matérias-primas podem diminuir. A quantidade de gelo picado na formulação da emulsão de carne foi gradualmente substituída por uma solução de sal de cura injectada através do bocal. Os resultados mostram que a substituição completa do gelo pela injeção de uma solução de sal de cura não alterou as qualidades do produto, mas que se conseguiu uma poupança substancial de energia de até 25% durante a produção de emulsões de carne finamente dispersas. O consumo de energia do homogeneizador de alto cisalhamento foi reduzido em até 27%.

Moghazy (2002) estudou as caraterísticas dos hambúrgueres de carne de vaca com sal reduzido afectadas pela redução e substituição de Na. Os hambúrgueres de carne de vaca foram fabricados como controlo (100% NaCl), A (65% Na Cl), B (50% NaCl+50% KCl), C (100% KCl), D (o mesmo de B+ tratamento com ácido cítrico), E (o mesmo de B+ tratamento com fumo líquido) e F (o mesmo de B+ tratamento com uma mistura especial de especiarias e ervas). Foram determinados os teores de sódio e potássio, as propriedades físico-químicas e os atributos microbianos das amostras. Foi também efectuada uma avaliação sensorial das amostras. A substituição de 50% de NaCl por KCl, a utilização de uma mistura especial de especiarias e ervas aromáticas e a utilização de pirofosfato de potássio e ácido ascórbico podem constituir a melhor solução atualmente.

Perisic *et. al.*, (2013) estudaram os efeitos de NaCl, KCl e MgSO4 em várias concentrações nas propriedades estruturais e sensoriais de salsichas frankfurter. Foi observada uma distribuição mais homogénea dos ingredientes principais com uma maior concentração de sais adicionados, sendo mais pronunciada para a receita de MgSO4. Confirmou-se que o KCl inibiu a desnaturação parcial das proteínas, ao contrário do observado nas receitas com MgSO4, onde foi detectado um aumento adicional da hidratação das proteínas. Estas conclusões foram inequivocamente confirmadas pelas medições de WHC. A análise sensorial distinguiu claramente as salsichas preparadas com MgSO4 devido a atributos sensoriais indesejáveis, o que sublinha a necessidade de utilizar agentes mascaradores de sabor.

Garcia *et. al.* (2009) trabalharam na otimização da aceitação sensorial de caldos de legumes contendo cloreto de potássio como substituto do sal. Foram preparadas formulações de caldos de legumes (cebola/cogumelos/ couve/ aipo/alho) contendo uma mistura (1% p/p) de NaCl (0% a 100%), KCl (0% a 100%) e L-arginina (0% a 15%), seguindo um esquema de mistura em rede simples. Seguindo um esquema de blocos completos equilibrados, os consumidores (n = 275) avaliaram 2 de 11 amostras quanto à aceitabilidade da cor, odor, sabor a vegetais, salgado, doce, amargo, sabor e gosto global, utilizando uma escala hedónica de nove pontos. Este estudo demonstrou o potencial de utilização de KCl/L-arginina como substituto parcial do sal no caldo de legumes. É possível uma alegação de redução de sal para o caldo de legumes formulado com menos de 75% de NaCl na mistura NaCl/KCl/L-arginina.

Patel *et al.*, (2015) estudaram o efeito do cloreto de potássio como substituto do sal nas qualidades do queijo processado. Foi feita uma comparação sobre os efeitos do substituto do cloreto de potássio (KCl) nas caraterísticas químicas, físicas, microbiológicas e sensoriais do queijo processado pasteurizado. Foi recomendada uma combinação de 50% de NaCl e 50% de KCl para utilização como sal

no queijo processado com outros ingredientes, tais como intensificadores de sabor, que podem mascarar o sabor amargo produzido pelo KCl.

O efeito sobre as qualidades das azeitonas de mesa através da substituição de NaCl por KCl foi avaliado por Katsogiannos *et. al.,* (2012). A degradação dos fenóis totais, da antocianina e da oleuropeína foi moderada. Os lípidos e a antocianina não foram afectados de forma notável. Finalmente, verificou-se que 67% da substituição de NaCl por KCl produziu um efeito de amargor aceitável pelos consumidores. O estudo mostrou que uma substituição parcial de NaCl por KCl (33 a 67%) em azeitonas de mesa por métodos tradicionais de salga pode levar a uma melhoria da qualidade das azeitonas, no sentido de produtos alimentares saudáveis com elevado valor dietético.

Mutamed *et. al.*, (2013) estudaram o efeito da substituição parcial de NaCl por KCl no perfil de textura, microestrutura e propriedades sensoriais do queijo Mozzarella de baixa humidade. NaCl e KCl foram utilizados na proporção 3:1, 1:1 e 1:3. Não foram observadas diferenças significativas na dureza, coesividade e adesividade. Também não foram observadas diferenças significativas nas propriedades sensoriais.

Moreno-Baquero *et. al.,* (2013) estudaram o perfil mineral e sensorial de azeitonas rachadas temperadas embaladas em diversas misturas de sal, como NaCl, KCl e CaCl2, nos seus nutrientes minerais e atributos sensoriais. Os teores de Na, K, Ca e Mn natural residual na polpa, bem como a salinidade, o amargor e a fibrosidade foram significativamente relacionados com as concentrações iniciais de sais na solução de embalagem. Níveis elevados de Na e Ca na carne conduziram a pontuações elevadas de acidez e salinidade (o primeiro descritor) e de amargor (o segundo), enquanto o teor de K não estava relacionado com qualquer descritor sensorial.

Barbosa *et. al.*, (2016) estudaram sobre as propriedades físico-químicas da kafta caprina com baixo teor de sódio. substituição parcial (25 e 50%) do cloreto de sódio (NaCl) pelo cloreto de potássio (KCl) sobre seus parâmetros físico-químicos. Observou-se que a influência da redução do sódio nas caraterísticas físico-químicas da kafta de cabra depende da percentagem de substituição do NaCl. A substituição parcial de NaCl por KCl provocou uma redução dos níveis de sódio e um aumento dos valores de potássio. A percentagem de substituição de NaCl por KCl também teve influência no aumento da atividade da água, do pH e da força de cisalhamento das amostras de kafta. A kafta de cabra preparada com 25% de substituição de NaCl apresentou valores mais baixos de TBARs em comparação com outros tratamentos.

Spina *et. al.* (2015) realizaram um estudo sobre a substituição parcial de NaCl no pão de trigo duro com KCl e extrato de levedura e a avaliação dos parâmetros de qualidade durante o armazenamento a longo prazo. O efeito da redução do cloreto de sódio de 2 para 1 % e a sua substituição parcial com diferentes níveis de cloreto de potássio e extrato de levedura no trigo duro. As contagens de leveduras e bolores mostraram valores inferiores a 1 log cfu/g até 30 dias de armazenamento, após um aumento gradual ter sido detectado nos pães com baixo teor de cloreto de sódio. Foi também registado um aumento da contagem total de viáveis em todas as amostras de pão.

Zhang *et.al.* (2014) estudaram os efeitos da concentração de NaCl e das substituições de KCl nas propriedades térmicas e na oxidação lipídica da carne de porco curada a seco. A calorimetria diferencial de varredura (DSC) foi usada para avaliar a energia térmica líquida (entalpia, δH), as temperaturas inicial (Tonset) e máxima (Tmax) de diferentes cortes de carne de porco salgados com misturas de sais de cloreto (NaCl e KCl) dentro da faixa de temperatura de cura e maturação. Uma maior substituição de KCl pode aumentar significativamente ($P < 0,05$) os valores de δH e promover a oxidação dos lípidos A substituição de KCl não deve ser superior a 30% (wt/wt) para carne de porco com elevado teor de lípidos, para evitar a fusão excessiva e a oxidação dos lípidos durante o processo de cura a seco.

O efeito da substituição parcial de NaCl por KCl nas propriedades físico-químicas, microbiológicas e sensoriais do Queijo Akkawi foi estudado por Kamleh *et. al.* (2012). O tratamento com sal teve um efeito significativo no pH, no ácido lático, no teor de sódio e potássio dos queijos. Na análise do perfil de textura, revelou-se que o tratamento com sal teve um efeito significativo na adesividade, mastigabilidade e dureza das amostras de queijo. Os testes microbiológicos mostraram que todos os microrganismos testados aumentaram com o armazenamento mas, em geral, não diferiram entre os tratamentos com sal, especificamente entre as amostras de controlo (100% NaCl) e (70% NaCl, 30% KCl).

Zhang *et. al.* (2015) tentaram diminuir o teor de NaCl em produtos cárneos curados a seco através do uso de aminoácidos. O efeito de um substituto de sal contendo L-histidina (L- his) e L-lisina (L-lys) na lipólise e oxidação lipídica foi comparado com o do NaCl ao longo do processamento. No produto final, o teor de sódio do lombo com substituto de sal (SS-loin) foi 53,79% inferior ao do lombo tratado com NaCl (S-loin). Observou-se um aumento significativo da atividade da fosfolipase no lombo SS a partir do final da secagem-maturação, que foi de 8e18 dias ($P < 0,05$). As actividades da lipase ácida no lombo de suíno foram marcadamente activadas por 0,05e0,4 M de L-his. Em comparação com o controlo, foi observada uma maior atividade de fosfolipase para 0,2e0,4 M L-lys e 0,05e0,4 M L-his no lombo de suíno. A Aw no lombo SS foi 3,51% superior à do lombo S e o TBARS foi 5,19% inferior ($P < 0,05$) no lombo SS em comparação com o lombo S. Os resultados sugerem que a diminuição do teor de TBARS dos lombos curados a seco pode dever-se principalmente à inibição da oxidação lipídica por *L-lis* e *L-his* no substituto do sal.

Zhao *et, al.* estudaram a influência da substituição parcial ou total do cloreto de sódio por misturas de cloreto de potássio na extração de proteínas e na qualidade da carne de salsichas cozinhadas. Quando o STP estava presente, o NPC/NaCl extraiu mais proteínas do que o KCl e o Mix/NaCl ($P<0,05$), enquanto o NPC/NaCl e o KCl apresentaram uma capacidade de extração de proteínas equivalente à do NaCl ($P>0,05$). Os sais aumentaram a dureza dos produtos cozinhados, sendo o KCl, o NPC/NaCl e o Mix/NaCl tão eficazes como o NaCl ($P>0,05$). Em conclusão, o sódio pode ser eficazmente reduzido com ingredientes alternativos de sal à base de cloreto de potássio sem afetar a extração de proteínas, a retenção de água e o desenvolvimento da textura em salsichas cozinhadas.

9. KCl como substituto do sódio

Karagozlu *et. al.* (2008) estudaram o efeito da substituição total e parcial de cloreto de sódio (NaCl) por cloreto de potássio (KCl) nas propriedades sensoriais do queijo branco em conserva e descobriram que a amostra A (100 % NaCl) e a amostra C (75% NaCl & 25% KCl) foram as mais preferidas pelos membros do painel no que diz respeito ao aspeto, sabor e textura, em comparação com as amostras B, D & E (NaCl: KCl- 0:100, 50:50 & 25:75 respetivamente).

Patel *et. al.*, (2013) estudaram o efeito do cloreto de potássio como substituto do sal nas qualidades do queijo processado. O tratamento (T1) foi KCl 100% e o tratamento (T2) foi uma mistura de 50 % de NaCl e 50 % de KCl. A amostra de controlo do queijo processado foi feita utilizando apenas cloreto de sódio (NaCl). Os resultados do teor de gordura, teor de humidade, pH e fundibilidade em T1 e T2 não foram significativamente diferentes do controlo, mas nos resultados microbianos. A substituição do NaCl por KCl teve um efeito significativo nas propriedades sensoriais, incluindo a dureza, o amargor e o salgado do queijo processado. Uma combinação de 50% de NaCl e 50% de KCl foi recomendada para uso como substituto de sal no queijo processado com outros ingredientes, como realçadores de sabor, que podem mascarar o sabor amargo produzido pelo KCl.

Soglia *et. al.*, (2014) estudaram a substituição parcial de cloreto de sódio por cloreto de potássio em carne de coelho marinada. A substituição de cloreto de sódio até 30% por cloreto de potássio não alterou os traços microbiológicos (cargas celulares máximas de bactérias aeróbias mesófilas e lácticas totais), a aceitabilidade sensorial (salinidade percebida e gosto geral) e os traços tecnológicos (pH, cor, textura, perda de cozedura e rendimento). Por outro lado, a redução do cloreto de sódio para 50% diminuiu significativamente o salgado percetível e reduziu o prazo de validade microbiano em 1 dia, quando comparado com o controlo, embora não tenha havido qualquer efeito nas caraterísticas tecnológicas.

10. CaCl2 como substituto do sódio

Hunt e Johnson (2016) estudaram as necessidades de cálcio: novas estimativas para homens e mulheres através de análises estatísticas transversais de dados de balanço de cálcio de estudos metabólicos. Os dados do balanço de cálcio [ingestão de cálcio - (cálcio fecal _ cálcio urinário)] foram recolhidos de 155 indivíduos [mulheres: *n=73*; peso: 77,1 ± 18,5 kg; idade: 47,0 ±18,5 anos (intervalo: 20-75 anos); homens: *n=82*; peso: 76,6±12,5 kg; idade: 28,2±7,7 anos (intervalo: 19-64 anos)] que participaram em 19 estudos de alimentação realizados numa unidade metabólica. Os modelos previram um equilíbrio neutro de cálcio [definido como produção de cálcio (*Y*) igual à ingestão de cálcio (*C*)] com doses de 741 mg/d [intervalo de previsão (PI) de 95%: 507, 1035;

Y=148,29_0,*80C*], 9,4 mg kg de peso corporal^{-1} , d^{-1} [PI de 95%: 6,4, 12,9; *Y*$^{-1}$ .44, 0,*85C*], ou 0,28 mg kcal^{-1} , d^{-1} [95% PI: 0,19, 0,38; *Y=0*,051+0,*816C*].

11. D-optimal mixture design

12. Propriedades dos pickles

Narayana e Maini (1996) avaliaram as alterações na composição química do pickle doce de nabo afectadas por diferentes tipos de recipientes, tendo constatado que o teor de humidade do pickle diminuiu gradualmente durante a armazenagem e variou de 1-5% durante um período de 3 meses. O teor de cinzas aumentou de 5,05 para 8,12% durante o armazenamento e não se registaram grandes variações no pH. Também se registou um aumento gradual da acidez e uma diminuição dos teores de açúcares redutores e totais.

Yotsuyanagi *et al.*, (2016) estudaram os impactos tecnológicos, sensoriais e microbiológicos da redução de sódio em salsichas. Inicialmente, emulsões de carne foram estudadas em um sistema modelo para otimizar as concentrações de fosfato e cloreto de potássio. Na segunda etapa, frankfurters contendo 1,00%, 1,30% e 1,75% de cloreto de sódio (NaCl) foram processadas e sua estabilidade foi monitorada durante 56 dias. Os melhores níveis em relação à força de cisalhamento encontrados no sistema modelo foram 0,85% e 0,25% de cloreto de potássio e fosfato, respetivamente. Os tratamentos com 1,30% e 1,75% de NaCl apresentaram melhor desempenho na maioria das análises, principalmente na análise sensorial. Isto representa uma redução de aproximadamente 25% de cloreto de sódio, ou 18% de redução de sódio (916 mg/100 g para 750 mg/100 g), e parece ser viável do ponto de vista tecnológico, microbiológico e sensorial.

Roy (1969) efectuou um estudo sobre a preparação de pickles desidratados prontos a usar a partir de resíduos de casca de lima e verificou que a qualidade organoléptica dos pickles desidratados que foram secos em armário a 65°C±5°C durante 10 horas foi considerada aceitável, tal como determinado pelo painel de juízes.

Chakrabarty *et al.,* (1970) descobriram que os pickles parcialmente desidratados de lima, manga, malagueta verde, pepino e vegetais mistos que foram secos em armário a 60°C±5°C até 50 a 60% de humidade eram aceitáveis quando avaliados organolepticamente. Os pickles não tinham gordura nem vinagre e a sua textura era macia e aceitável.

Marchetti *et al.*, (2016) estudaram as alterações físico-químicas, microbiológicas e oxidativas durante o armazenamento refrigerado de salsichas de carne cozinhada enriquecidas com n-3 PUFA com substituição parcial de NaCl. Foi estudada a estabilidade de armazenamento de salsichas de carne cozida com 50g de óleo marinho/kg e duas combinações de sal: (1) 14,00g NaCl/kg e 2,0g tripolifosfato de sódio (TPP)/kg, (2) formulação reduzida de sódio com 6,08g NaCl/kg, 4,92g KCl/kg e 5,00g TPP/kg. A substituição parcial do sódio não afectou a estabilidade da matriz, mantendo elevados rendimentos do processo e baixas perdas de purga (≤5,5%).

13. Comportamento de conservação dos pickles de manga

Verma *et. al.,* (2006) analisaram as alterações bioquímicas de pickles de manga à base de óleo armazenados à temperatura ambiente (30°C±5°C) durante um período de um ano em cinco tipos de embalagens. Verificou-se que o ácido ascórbico, os açúcares, as proteínas, o fósforo e a tirosina diminuíam com o aumento do período de armazenamento. O pH, o acastanhamento, a acidez e o ranço mostraram uma tendência crescente em todas as embalagens, *nomeadamente* bolsas de polietileno de alta densidade (PEAD), frascos de vidro, latas simples A2½, sacos de polietileno de baixa densidade (PEBD) e latas de fricção de topo aberto com sacos de PEBD. Os pickles armazenados em frascos de vidro obtiveram as pontuações mais elevadas no final de um ano. As outras amostras não foram consideradas satisfatórias devido a um forte odor a ranço e a uma cor baça.

Thompson *et. al.,* (1979) investigaram o efeito das condições de armazenamento na firmeza de pepinos salgados durante um período de um ano e verificaram que a retenção da firmeza era maior a uma temperatura mais baixa (4,5-15,5°C), pH mais elevado (3,8) e concentração de cloreto de sódio (11,4%) quando comparado com pH mais baixo (3,3) e concentração de cloreto de sódio (5,5%) e a uma temperatura mais elevada (26,6°C).

Os pickles de manga à base de óleo armazenados à temperatura ambiente (30°C±5°C) durante um período de um ano em cinco tipos de embalagens foram analisados quanto a alterações bioquímicas (Verma *et. al.,* 1986). Verificou-se que o ácido ascórbico, os açúcares, as proteínas, o fósforo e a tirosina diminuíam com o aumento do período de armazenamento. O pH, o acastanhamento, a acidez e o ranço mostraram uma tendência crescente em todas as embalagens, *nomeadamente* bolsas de polietileno de alta densidade (PEAD), frascos de vidro, latas simples A21/2, sacos de polietileno de baixa densidade (PEBD) e latas de fricção de topo aberto com sacos de PEBD. Os pickles armazenados em frascos de vidro obtiveram as pontuações mais elevadas no final de um ano. As outras amostras não foram consideradas satisfatórias devido ao forte odor a ranço e à cor baça.

Narayana e Maini, (1996) investigaram as alterações na composição química de pickles de nabo doce armazenados à temperatura ambiente durante três meses. O teor de humidade do pickle diminuiu gradualmente de 1-5%, enquanto a acidez do molho e dos pedaços de nabo e o teor de sal aumentaram gradualmente durante três meses de armazenamento. O escurecimento não enzimático mostrou uma tendência crescente (de 0,19 para 0,47 de densidade ótica).

Os pickles de manga desenvolvidos através da variação do sal e da malagueta em pó em proporções específicas foram avaliados quanto à sua qualidade de conservação após armazenamento em frascos de vidro a *30°C* durante um período de nove meses

(Gupta, 1998). Os resultados revelaram que, entre os diferentes pickles, o pickle de manga com 20% de sal e 7,5% de malagueta em pó foi o mais aceitável até nove meses de armazenamento.

A estabilidade de armazenamento de dez pickles comerciais de manga em óleo foi estudada em termos de parâmetros químicos e sensoriais (Sheth e Nandwana, 2004). Os resultados mostraram que os pickles armazenados durante um período de seis meses apresentaram um aumento significativo do pH, do teor de ácidos gordos livres (1,3 a 1,45 % H2S04) e do teor de peróxidos (0 a 0,00078, respetivamente), mas que se encontravam dentro dos limites especificados. Foi observada uma redução não significativa da acidez, da humidade e do teor de sal. Foi observada uma redução nos resultados sensoriais após o armazenamento dos pickles durante seis meses. Exceto no que se refere ao sabor, esta redução foi estatisticamente significativa.

Shinde *et al.,* (2004) estudaram os pickles preparados a partir de 11 variedades híbridas de mangas armazenadas durante um período de nove meses e mostraram que o híbrido-4 (Konkan Ruchi) era o pickle mais aceitável, com uma porção comestível de 385,9 g e um TSS máximo (8°Brix), melhor acidez e qualidades de pickle, nomeadamente, cor, sabor e textura.

Suzanne *et. al.,* (2012) no seu estudo para determinar os efeitos combinados do NaCl e do pH na deterioração do pepino fermentado e a capacidade das bactérias lácticas (LAB) isoladas para iniciar a degradação do ácido lático em pepinos fermentados. Os pepinos fermentados com 0%, 2%, 4% e 6% de NaCl foram misturados em lamas (FCS) e ajustados para pH 3,2, 3,8, 4,3 e 5,0 antes da centrifugação, da filtração estéril e da inoculação com organismos deteriorantes. A degradação anaeróbica do ácido lático ocorreu em FCS a pH 3,8, 4,3 e 5,0, independentemente da concentração de NaCl. Ao longo de 18 meses de incubação, apenas os pepinos fermentados com 6% de NaCl a pH 3,2 impediram a degradação anaeróbia do ácido lático por bactérias de deterioração. Entre as várias espécies de BAL isoladas de pepinos fermentados, *o Lactobacillus buchneri* foi único na sua capacidade de metabolizar o ácido lático em FCS com aumentos simultâneos de ácido acético e 1,2-propanodiol.

Guillou *et. al.* (1992) realizaram estudos sobre a fermentação natural do pepino e verificaram que existe uma ação sinérgica entre o NaCl, o CaCl2 e o sorbato de potássio, o que permitiu a produção de pickles de boa qualidade quando quantidades moderadas dos três componentes estavam presentes na salmoura.

Rani *et al.,* (1992) efectuaram uma investigação sobre os padrões de qualidade dos pickles comerciais indianos, como pickles em óleo, pickles em salmoura e pickles em vinagre, e observaram que não havia alterações consideráveis no teor de sal.

Kumari *et al.,* (1993) referiram que o chucrute com 2,25% ou 3,5% de sal era o melhor organolético.

Premi *et. al.,* (1999) estudaram o efeito da conservação por maceração na qualidade dos frutos de aonla durante o armazenamento e revelaram que o teor de sal da salmoura diminuiu com um aumento correspondente nos frutos, o que mostrou que o teor de sal tendia a igualar-se devido à ação osmótica.

Os microrganismos presentes num produto alimentar acabado são influenciados pelo ambiente geral a partir do qual o alimento é originalmente obtido, pelas condições sanitárias em que o produto é manuseado e processado e pela adequação das condições subsequentes de embalagem, manuseamento e armazenamento para manter a flora a um nível baixo. A deterioração dos géneros alimentícios, com especial referência à deterioração, ganhou uma intenção considerável para a manutenção da saúde da sociedade. Embora os produtos permaneçam comestíveis após um longo período de armazenamento, a menos que a segurança microbiana destes produtos seja avaliada, não podem ser recomendados para consumo.

O efeito de diferentes condimentos no crescimento de *Aspergillus niger* em pickles de manga foi investigado (Anand e Johar, 1957). Os resultados indicaram que a inclusão de polpa de clones (6g/100g) e polpa de canela (3g/100g) em pequenas proporções nas receitas de pickles ajuda a apresentar a deterioração dos pickles devido a Aspergillus niger.

Usha (1982) efectuou um estudo sobre a contagem e o isolamento de microrganismos no que diz respeito a bactérias, fungos e leveduras de pickles estragados de lima e manga provenientes de agregados familiares. Os resultados revelaram que as bactérias eram máximas e a levedura mínima no caso dos pickles estragados. A flora predominante dos pickles estragados pertencia aos géneros Bacillus entre as bactérias, *Aspergillus* entre os fungos e Debaromyces e Mycoderma entre as leveduras.

Pradhan, (1985) isolou bactérias, leveduras e fungos dos pickles de manga estragados de diferentes casas na cidade de Pune e verificou que o envolvimento considerável de bactérias seguido de bolores e leveduras nos pickles estragados, o crescimento superficial de bolores tornou os produtos inaceitáveis.

As amostras de pickles estragados tinham um teor de sal inferior a 18%. O autor concluiu que os microrganismos toleravam sal entre 3 e 26%, sendo o máximo de sal tolerado por *Aspergillus niger, A. fumigants* e *Pencillium sp.* Nenhuma das espécies microbianas isoladas era suscetível ao óleo.

Desai e Sheth (1997) observaram que a raiz de beterraba, a cenoura, o pepino, a couve-flor, o gengibre, a malagueta verde, a cebola, o pimentão, o chucrute e o nabo fermentados com bactérias do ácido lático eram aceitáveis e não apresentavam qualquer deterioração visível mesmo após dois meses de armazenagem a 28-30 °C, sendo as bactérias do ácido lático a flora predominante.

Gupta (1998) relatou que não houve crescimento fúngico em pickles de manga sem óleo preparados com diferentes concentrações de sal (15, 20 e 25%), malagueta vermelha em pó (5,0,7,5 e 10%) e assafétida (1%) no final do período de armazenamento de nove meses à temperatura ambiente (30 ± 50°c).

Khan (2005) estudou os fungos de deterioração dos pickles. As amostras de pickles mistos estragados em óleo recolhidas em vários locais mostraram uma atividade de água e um pH elevados, o que é útil para a contaminação por fungos. Foram isolados vários fungos filamentosos ipolíticos, *nomeadamente* Aspergillus, Pencillium, Alternaria, Rhizopus e mucor. Estes isolamentos foram capazes de produzir enzimas lipolíticas, que são responsáveis pela deterioração e ranço dos pickles de óleo.

Gupta *et al* (1992) observaram grandes perdas no teor de ácido ascórbico de malaguetas vermelhas conservadas por maceração para a preparação de pickles de malagueta recheada. Após 3 meses de armazenamento, 10 por cento de ácido ascórbico foi retido no fruto, mostrando uma tendência decrescente durante o armazenamento para uma quantidade insignificante após 9 meses.

Chawla *et al* (2005) efectuaram estudos sobre as caraterísticas nutricionais e organolépticas dos pickles de cenoura durante a armazenagem e constataram uma redução significativa do teor de ácido ascórbico dos pickles em cada mês sucessivo de armazenagem. Inicialmente, o teor de ácido ascórbico era de 5,76 mg/100g, tendo diminuído para 3,96 mg/100g após 4 meses de armazenagem, pelo que a redução do ácido ascórbico dos pickles de cenoura foi de 31,25 por cento.

Verma *et al* (1986) registaram um aumento acentuado dos açúcares redutores de 2,39% para 2,71% e uma diminuição dos açúcares não redutores de 0,80 para 0,66% no caso dos pickles de manga durante 6 meses de armazenamento.

Fleming *et. al.*, (2002) estudaram a estabilidade de armazenamento de pepinos fermentados prontos para processamento. Os pepinos fermentados foram microbiologicamente estáveis até 6 meses quando mantidos a 4% de sal, e até 12 meses quando 0,1% de benzoato de sódio também estava presente. A 2% de sal, alguma fermentação era instável aos 6 meses de armazenamento. A instabilidade microbiana foi associada a um aumento do pH da salmoura (de 3,5 inicialmente), aumentos nas concentrações de C02 e ácido acético, e uma diminuição na concentração de ácido lático. A subida da concentração de C02 foi associada à formação de bloater. O crescimento destas leveduras parece ser limitado pela taxa de permeação do oxigénio através do saco de plástico. O polietileno de densidade ultra baixa (3-mil, 4 camadas) parecia ser demasiado permeável ao oxigénio para uma armazenagem prolongada (vários meses) do stock de salmoura nos sacos. Uma camada de polinylon no saco proporcionou uma barreira maior, mas não completa, ao oxigénio.

14. Acumulação de população microbiana

Uma emulsão conservante de pickles contendo ácido acético, óleo de casca de laranja, mostarda castanha e curcuma em pó foi concebida por Rao *et al* (1963). A emulsão impediu completamente o crescimento de leveduras e bolores em meios sintéticos. A adição da emulsão não alterou significativamente a cor, o sabor ou o aroma dos pickles de lima com apenas 7,5% de sal e dos pickles de manga com 9% de sal e estes pickles puderam ser conservados durante mais de um ano, através da adição da emulsão.

Soumithri *et al* (1963) verificaram que as leveduras isoladas de pickles de lima, manga e groselha foram identificadas como estirpes de *Torulopsis lactic-condensi, Debariomyces kloeckeri, Candida guilliermondii* e *Candida pulcherrima.*

Uma emulsão conservante de pickles contendo ácido acético, óleo de casca de laranja, mostarda castanha e curcuma em pó foi concebida por Rao *et al* (1963). A emulsão impediu completamente o crescimento de leveduras e bolores em meios sintéticos. A adição da emulsão não alterou significativamente a cor, o sabor ou o aroma dos pickles de lima com apenas 7,5% de sal e dos pickles de manga com 9% de sal e estes pickles puderam ser conservados durante mais de um ano, através da adição da emulsão.

Anand e Dass (1971) estudaram o efeito dos condimentos na fermentação do ácido lático em pickles de nabo doce e referiram que o sal, o açúcar e a mostarda eram os condimentos importantes utilizados em grandes proporções na preparação de pickles de nabo doce. A taxa e o aumento máximo da produção de ácido lático foram mais elevados nos pickles com 4 a 8% de sal. O aumento da concentração de mostarda em pó de 6 para 10 por cento promoveu ainda mais o desenvolvimento da acidez nos pickles. A formação de ácido lático em pickles com sal e mostarda pode ser aumentada com a adição de 1 a 2% de gur ou jaggery, mas a adição de 25% de açúcar retardou consideravelmente o desenvolvimento da acidez no pickle de nabo doce.

Juhanz *et al* (1974) efectuaram experiências de decapagem de produtos hortícolas por inoculação com culturas puras de bactérias do ácido lático. As experiências foram realizadas com quatro estirpes (*Pediococcus cerevisiae, Leuconostoc mesenteroides, Lactobacillus brevis, L. plantarum*) selecionadas a partir de 52 estirpes bacterianas isoladas de licores de decapagem de vegetais, repolho, pepino e pimento. Foram inoculados repolho cru salgado e pepino comercial tratado termicamente em licor de decapagem esterilizado. Os produtos inoculados com *L. brevis* apresentaram melhor sabor e paladar.

Stevenson *et al* (1979) estudaram a fermentação aeróbica da salmoura do processo de salmoura por *Candida utilis* NRRL Y - 900. Após um período de atraso, os organismos cresceram bem na salmoura. O período de desfasamento foi substancialmente reduzido pela adição de 0,5 por cento de Na2HPO4. Em condições óptimas, as culturas reduziram a CBO em 91% no espaço de 20 horas, com uma produção concomitante de 1 - 2 g de levedura na salmoura. Em experiências utilizando salmoura não pasteurizada, *C. utilis* não foi capaz de crescer tão rapidamente como algumas das leveduras que ocorrem naturalmente. Duas leveduras do processo de salmoura, identificadas como *Pichia spp.* utilizaram a salmoura com um período de atraso mais curto e uma taxa de crescimento mais rápida do que *C. utilis*.

Costilow *et al* (1981) efectuaram estudos sobre a purga com ar de pickles comerciais fermentados de saltstock. Verificou-se que a purga de ar era tão eficaz como o azoto na prevenção da formação de bloaters (pickles ocos) e que não havia efeito significativo dos vários tratamentos utilizados. A qualidade global média do caldo de sal era equivalente à dos tanques purgados com azoto.

Costilow e Uebersax (1982) estudaram o efeito de vários tratamentos na qualidade dos pickles salgados provenientes de fermentações comerciais purgadas com ar. Foram efectuados ensaios para evitar o amolecimento esporádico dos pickles devido à purga com ar das fermentações naturais. Foram testados diferentes tratamentos que envolviam a limitação do oxigénio nas salmouras durante 1 ou 2 dias após a salmoura ou a adição de sorbato de potássio às salmouras para inibir o desenvolvimento de bolores. Em todos os tanques examinados e em todos os tratamentos, foram encontrados pickles de sal de boa qualidade.

Buescher e Burgin (1988) estudaram o efeito do cloreto de cálcio e do alúmen na fermentação, dessalinização e retenção da firmeza dos pickles de pepino. A fermentação e a dessalga não foram afectadas pelo tratamento com cloreto de cálcio das salmouras de fermentação. O tratamento pós-dessalga com alúmen e/ou cloreto de cálcio dos pickles não expostos previamente ao cloreto de cálcio também reduziu o amolecimento. A retenção da firmeza foi maximizada nos pickles processados a partir de salmouras de fermentação e armazenamento contendo cloreto de cálcio e tratados com alúmen ou cloreto de cálcio após a dessalga.

Reina *et al* (2005) isolaram bactérias do ácido lático e caracterizaram-nas como potenciais agentes de biocontrolo para pickles de pepino refrigerados não acidificados.

Perez *et al* (2007) isolaram *Lactobacillus casei* e *Lactobacillus paracasei* como agentes causadores da deterioração da cor vermelha em pickles de pepino.

Joshi e Sharma (2009) efectuaram estudos sobre a fermentação do ácido lático do rabanete para garantir a sua conservação e decapagem. A fermentação do rabanete com ácido lático é considerada uma das alternativas para conservar este vegetal, para além de proporcionar um produto saudável aos consumidores. Concluiu-se dos estudos que a combinação de benzoato de sódio e ácido sórbico a 250 ppm cada foi considerada eficaz na prevenção da deterioração do rabanete fermentado e na manutenção do seu melhor atrativo sensorial.

Zarei *et.al., compararam* o efeito do NaCl e do KCl no crescimento de *Listeria monocytogenes* com vista à substituição do NaCl. Verificou-se que *a L. monocytogenes* pode crescer na presença de 1-9% de NaCl e 1-11% de KCl. Quanto mais elevada for a concentração de sal utilizada, mais longa é a fase de atraso induzida. Além disso, observou-se que *a L. monocytogenes* tolera melhor o KCl do que o NaCl quando se utilizam as mesmas percentagens em caldo. Numa tentativa de substituir parcialmente o NaCl por KCl, verificou-se que o nível de substituição de NaCl por KCl pode ser de pelo menos 25% sem pôr em risco a segurança microbiológica, no que diz respeito à *L. monocytogenes* do produto, mas não tão elevado como 50%.

Kumar *et al.*, (2008) efectuaram estudos sobre microrganismos associados à salmoura de lasora *(Cordia Dichotoma* Forst 'F'). A preponderância de bacillus e coccus *pencillium* spp. foi mais rápida nas receitas com menor concentração de sal. As receitas com menor concentração de sal (>10%) e sem conservantes químicos estragaram-se em 42 dias. Os pickles de lasora em salmoura podem ser armazenados até 70 dias com uma concentração elevada de sal (15%) e com conservação química. A concentração elevada de sal prolongou o início da infestação, enquanto os conservantes químicos, como o ácido acético e o ácido benzoico, conseguiram controlar a deterioração rápida.

As alterações químicas e o crescimento microbiano durante a fermentação da manga verde para decapagem foram estudados por Yunchalad *et. al.* (2003). As mangas foram fermentadas em salmoura com 10 e 12% (em peso) de sal, com e sem ácido acético (0,1%) e/ou benzoato de sódio (0,1%), e armazenadas durante um mês. O teor de ácido lático produzido foi de 0,4 a 0,7%. A maior parte do ácido presente foi produzido pela fermentação da levedura. Ao conservar as mangas em salmoura com 8 e 10% de sal, com até 5% (em peso) de sacarose, o crescimento das bactérias do ácido lático foi semelhante ao das mangas conservadas sem adição de sacarose. Para todos os tratamentos, a acidez final foi de ~0,5% como ácido lático com pH de 2,9.

Johanningsmeier *et. al.*, (2012) estudaram a influência do cloreto de sódio, pH e LAB na utilização anaeróbica do ácido lático durante a deterioração do pepino fermentado. Os pepinos fermentados com 0%, 2%, 4% e 6% de NaCl foram misturados em lamas (FCS) e ajustados para pH 3,2, 3,8, 4,3 e 5,0 antes da centrifugação, da filtração estéril e da inoculação com organismos de deterioração. Os ácidos orgânicos e o pH foram medidos inicialmente e após 3 semanas, 2, 6, 12 e 18 meses de incubação anaeróbia a 25° C. A degradação anaeróbia do ácido lático ocorreu em FCS a pH 3,8, 4,3 e 5,0, independentemente da concentração de NaCl. A pH 3,2, concentrações reduzidas de NaCl resultaram numa maior suscetibilidade à deterioração, indicando que o limite de pH para a utilização do ácido lático em pepinos fermentados com NaCl reduzido é de 3,2 ou inferior. Ao longo de 18 meses de incubação, apenas os pepinos fermentados com 6% de NaCl a pH 3,2 evitaram a degradação anaeróbica do ácido lático por bactérias de deterioração.

Pundir e Jain (2010) estudaram a alteração da microflora do chucrute durante a fermentação e o armazenamento. O pH da salmoura de chucrute variou entre 3,0 e 4,0 e apresentou uma tendência decrescente desde o dia da preparação até 120th dias de armazenamento. A acidez total, expressa em percentagem de ácido lático do chucrute, variou entre 0,045 e 1,70 e apresentou uma tendência crescente desde o dia da preparação até 120th dias de armazenamento. A carga microbiana natural (bactérias do ácido lático) variou entre 1,40 xl (terra $3{,}00 \times 10^{7}$ CFU/ml. Foram identificados *Lactobacillus brevis, Lb. plantarum, Lb. fermentum* e *Leuconostoc mesenteroides* (bactérias do ácido lático), *Bacillus* sp., *Staphylococcus aureus* (como bactérias aeróbicas), *Aspergillus luchuensis, A. niger, Scopulariopsis* sp. (bolores) e *Saccharomyces* sp. (levedura).

Etchells e Ohmer, (1941) efectuaram um estudo bacteriológico do fabrico de pickles de pepino fresco, alterando a temperatura de tratamento de modo a assegurar uma crocância suficiente sem comprometer a formação da população bacteriológica. Os resultados bacteriológicos mostraram que apenas as bactérias resistentes, formadoras de esporos, sobreviveram ao procedimento de pasteurização (160° F. por 20 min. ou 165° F. por 15 min.) e que estas, em geral, mostraram pouco ou nenhum aumento durante o armazenamento. Durante o período de salga nocturna das fatias, foram formadas populações consideráveis de bactérias acidificantes e de leveduras. Uma vez que estes organismos sobrevivem geralmente à aplicação de licor quente, deve ser empregue uma pasteurização adequadamente controlada, sob pena de deterioração.

Etcbelli e Jones (1941) estudaram a ocorrência de bloaters durante o acabamento de pickles doces e observaram que os valores da análise de gases se baseavam em determinações de duas quantidades separadas de 100 cc. de gás recolhido dos pepinos inchados. Os resultados mostram que o dióxido de carbono é o principal componente dos gases do interior dos pepinos. A análise para hidrogénio, metano ou outros hidrocarbonetos combustíveis revelou-se negativa. O valor do oxigénio (1,6%) indicou o que se suspeitava, ou seja, que o gás no interior dos pepinos, em alguns casos, estava contaminado com pequenas quantidades de ar que entraram durante o manuseamento do stock muito inchado através de pequenas rupturas longitudinais na superfície do tecido do pepino.

Etchells e Jones (1942) estudaram a mortalidade de microrganismos durante a pasteurização de pickles de pepino fresco previamente fabricados, pegando em frascos de 25 onças do mesmo lote de pickles. Os procedimentos de pasteurização utilizando temperaturas de 120, 130, 140, 150 e 160°F foram aplicados durante 15 minutos. Os resultados mostram que "o aumento das temperaturas de pasteurização, começando com 120°F, provocou uma diminuição correspondente do número de organismos sobreviventes até 160°F. Esta última temperatura de pasteurização foi suficiente para destruir tanto as bactérias acidificantes como as leveduras em todos os tratamentos de licor utilizados, independentemente da quantidade de inóculo empregue. Nos tratamentos com temperaturas mais baixas (120 e 130°F.) houve uma correlação definida entre o número de bactérias e leveduras acidificantes sobreviventes e o conteúdo ácido dos três licores utilizados.

15. Firmeza dos pickles

Fleming *et. al.,* (1993), trabalharam na retenção de firmeza em pimentos em conserva, afetada pelo cloreto de cálcio, ácido acético e pasteurização. A adição de CaCl2 (0,2%, p/v, ótimo) a pimentos 'Red Cherry' inteiros, em conserva, aumentou a retenção de firmeza, determinada por um teste de punção utilizando uma máquina de ensaio universal Instron. A pasteurização reduziu a firmeza na ausência, mas não na presença, de CaCl2 adicionado. O CaCl2 reduziu significativamente o amolecimento durante o armazenamento de pimentos 'Red Cherry' a temperaturas mais elevadas (36,7, 46,7°C), e resultou num ligeiro aumento da firmeza a 26,7°C. O CaCl2 também melhorou a retenção de firmeza em pepinos em conserva. A firmeza dos pimentos e pepinos não pasteurizados não foi influenciada significativamente pelas concentrações de ácido acético de 2, 3 ou 4%.

Kumar e Basu (2001) estudaram a preparação de pickles de camarão e as suas caraterísticas de conservação, utilizando vinagre e sal para preservar o músculo do camarão contra a deterioração. Foi utilizado ácido benzoico a 200 ppm como conservante. Foram efectuados vários ensaios utilizando diferentes quantidades de especiarias e diferentes métodos de preparação. Foram efectuados vários ensaios para chegar a uma receita final considerada a melhor pelo painel de degustação. O produto foi submetido a um ensaio de aceitação pelo consumidor em grande escala, que envolveu 140 consumidores, 42% dos quais o classificaram como excelente, 41% como muito bom, 12% como bom, enquanto 5% dos consumidores o classificaram como médio.

Ayyash *et. al.*, (2012) estudaram o impacto da substituição de NaCl por KCl nas actividades de proteinase do extrato livre de células e do sobrenadante livre de células em diferentes níveis de pH e concentrações de sal: *Lactobacillus delbrueckii* ssp. *bulgaricus* e *Streptococcus thermophilus*. Os caldos MRS foram misturados separadamente com 4 tratamentos salinos (apenas NaCl, 1NaCl:1KCl, 1NaCl:3KCl e apenas KCl) em 2 concentrações diferentes (5% e 10%) e incubados a 37°C durante 22 h. Foram observadas diferenças significativas nas actividades inibidoras da ECA e proteolíticas (OPA) entre os tratamentos salinos do extrato livre de células e do sobrenadante livre de células de *L. bulgaricus* e *S. thermophilus* à mesma concentração salina e ao mesmo nível de pH. Verificou-se um efeito significativo da interação entre o nível de pH e os tratamentos salinos na atividade inibidora da ECA, na atividade OPA e na atividade azocaseína.

Lu, Y. e McMahon, D. J. (2015) estudaram os efeitos da salga com cloreto de sódio e a substituição por cloreto de potássio na expulsão do soro do queijo Cheddar, salgando com o equivalente a 30 g/kg de NaCl, usando uma proporção molar de 2:1 de NaCl e KCl. Estas coalhadas foram recolhidas a cada 5 ou 10 min até 30 ou 40 min após o início da salga, e as coalhadas foram subsequentemente prensadas durante 3 h. A redução do nível de sal reduziu a expulsão do soro, resultando em queijos com maior humidade e pH ligeiramente inferior. A substituição parcial com KCl restaurou a extensão da expulsão do soro. O encolhimento da coalhada foi mais pronunciado quando a concentração da solução salina foi aumentada para 90 e 120 g/L. O aumento da concentração de Ca nas soluções de teste também promoveu a contração da coalhada, resultando em menor humidade e pH da coalhada e menor ganho de peso da coalhada. A proporção de Ca na coalhada que estava ligada à matriz proteica *da para-caseína* alterou-se com o teor de Ca da solução de teste.

Rao *et. al.*, (2011) avaliaram a estabilidade de armazenamento da mistura instantânea de pickles de tomate. O TPC e o ITPM foram avaliados quanto à sua estabilidade de armazenamento. A acidez titulável e o teor de proteínas no ITPM foram de 4,8 e 12%; os teores de cálcio e ferro foram de 318 e 11,7 mg/100g, respetivamente, na mistura de pickles. O teor de polifenóis totais aumentou (1026 para 1608 mg/100g) e o teor de licopeno diminuiu (14,01 para 5,2 mg/100g) nas amostras embaladas em bolsas de PE durante o armazenamento de seis meses. O teor crítico de humidade do ITPM foi de 12,20%, equilibrando-se a 50% de HR, o que indica a sua estabilidade à temperatura ambiente. A análise sensorial da mistura instantânea de pickles de tomate reconstituída e embalada em bolsas de PEM com arroz cozinhado obteve um resultado muito bom (8,1) após seis meses de armazenamento.

MATERIAIS E MÉTODOS

Foi realizada uma experiência sobre "Estudos sobre a substituição de sódio em pickles de manga" no Laboratório de Pós-Graduação, Departamento de Pomologia e Tecnologia Pós-Colheita, Faculdade de Horticultura, Laboratório do Centro Central de Instrumentação e Laboratório de Controlo de Qualidade de Uttar Banga Krishi Viswavidyalaya, Pundibari, Coochbehar, Bengala Ocidental. Os pormenores da experiência, o procedimento de fabrico dos pickles, os materiais utilizados e a metodologia adoptada durante o curso do estudo são discutidos a seguir.

3.1 Local da experiência

3.1.1. Localização

O presente estudo foi efectuado no Laboratório de Pós-graduação, Departamento de Pomologia e Tecnologia Pós-Colheita, Faculdade de Horticultura e Laboratório do Centro Central de Instrumentação de Uttar Banga Krishi Viswavidyalaya, Pundibari, Coochbehar, Bengala Ocidental. A Uttar Banga Krishi Viswavidyalaya está situada a uma altitude de 43 m acima do nível médio do mar. Situa-se numa coordenada geográfica de 26° 19'27.08''N (latitude) e 89° 27'3.6''E (longitude).

3.1.2. Origem dos materiais de decapagem

Os frutos de manga eram da variedade Fazli e foram adquiridos no mercado local de Coochbehar. A variedade Fazli foi selecionada para fins de decapagem por ter um elevado teor de ácido. Os frutos selecionados eram frescos, não maduros e estavam isentos de pragas, doenças e manchas. Os produtos químicos adquiridos eram de qualidade laboratorial. Para além disso, os reagentes para análise química eram de qualidade A.R. e foram adquiridos à Northern Scientific Mart, Siliguri. Os ingredientes para o fabrico de pickles eram de boa qualidade e foram adquiridos numa loja local com boa reputação.

3.2 PORMENORES EXPERIMENTAIS

3.2.1. Projeto para decidir a mistura de sal para a preparação de pickles na experiência:

O seguinte esquema foi utilizado para decidir a mistura de sal para a preparação de pickles na experiência.

Projeto: D-Optimal Quadratic Mixture Design usando a Metodologia de Superfície de Resposta

Software utilizado: Design-Expert 71.6, Minneapolis, EUA

Componentes da mistura = 3

Tabela 3.1: Componentes das misturas de sais utilizadas na experiência

Variável Componente	Nome	Unidades	Baixa Atual	Elevado Atual
A	NaCl	fração	0	1
B	KCl	fração	0	0.75
C	CaCl2	fração	0	0.25

Usando o software acima e considerando os componentes variáveis, a tabela abaixo foi preparada prescrevendo as combinações de sal a serem usadas na fabricação de picles.

Quadro 3.2: Diferentes rácios de sais a utilizar de acordo com os limites máximos e mínimos acima indicados

Componente da mistura de sal			
Ordem de execução	**NaCl**	**KCl**	**CaCl2**
Run-1	0.000	0.750	0.250
Run-2	0.000	0.750	0.250
Correr-3	0.625	0.375	0.000
Run-4	0.625	0.188	0.188
Run-5	0.250	0.750	0.000
Run-6	0.250	0.750	0.000
Executar-7	0.125	0.750	0.125
Run-8	0.125	0.750	0.125
Run-9	0.875	0.000	0.125
Correr-10	0.375	0.375	0.250
Run-11	0.750	0.000	0.250
Run-12	1.000	0.000	0.000
Execução-13	0.750	0.000	0.250
Executar-14	1.000	0.000	0.000
Correr-15	0.750	0.188	0.063
Run-16	0.250	0.563	0.188

3.2.2. Procedimento para a preparação de pickles de manga

1.1.1.1. Cura de pedaços de manga

Para a preparação dos pickles, foram utilizadas variedades de manga completamente desenvolvidas, não maduras e azedas. Os frutos foram lavados e descascados com uma faca de aço inoxidável. O caroço e as extremidades do pedúnculo foram deitados fora. Os frutos foram cortados em forma cúbica com uma dimensão aproximada de 1 cm × 1 cm × 1 cm. Pesou-se 1 kg de pedaços de manga e colocou-se num recipiente de plástico. Foram adicionados 150 g de mistura de sal ao recipiente e misturados corretamente com os pedaços de manga. Adicionaram-se 2 litros de água limpa filtrada aos pedaços e deixaram-se os pedaços submersos durante 4 dias, com um pano de musselina limpo no topo do recipiente para os cobrir. Os pedaços foram retirados após 4 dias e lavados cuidadosamente com água morna. Em seguida, estes pedaços de manga foram misturados com açúcar, ácido cítrico e ácido acético, de acordo com a quantidade recomendada. Esta mistura foi mantida durante 45 minutos num recipiente separado com tampa.

1.1.1.2. Ingredientes utilizados no fabrico de pickles

Quadro 3.3: Lista dos ingredientes utilizados na preparação dos pickles

Requisitos	**Quantidade**
Pedaços de manga não madura	1 kg
Açúcar	75 g
Óleo de mostarda	300 ml
Pasta de gengibre	40 g
Pasta de mostarda	50 g
Malagueta em pó	25-30 g
Cominho preto	5g
Feno-grego	5 g
Anis	5 g
Cominho	5 g
Açafrão-da-terra	5 g
Víbora preta	5 g
Ácido cítrico	5 ml
Ácido acético	100 ml
Sal	150 g

1.1.1.3. Preparação de especiarias:

1. A mostarda foi lavada e prensada num recipiente separado.
2. O feno-grego foi triturado e guardado num recipiente separado.
3. A pasta de gengibre foi guardada num outro recipiente.
4. As restantes especiarias foram coladas e guardadas separadamente em cada recipiente.

O óleo de mostarda é o meio de decapagem popular no Norte da Índia, enquanto o óleo de gengibre ou de sésamo é o meio de decapagem popular no Sul da Índia (Premi *et. al,*. 2002). A mostarda, sendo uma fonte de óleo, é um condimento importante e utilizado em vários produtos alimentares, e tem a vantagem não só de conferir sabor e gosto aos produtos alimentares, mas também de proporcionar uma ação conservante (Anand e Johar, 1957). As propriedades antimicrobianas dos fumos da malagueta vermelha, do óleo de mostarda e de outras especiarias esterilizam os recipientes e aumentam o prazo de validade do produto final. Especiarias como a malagueta vermelha em pó, a canela, os cominhos, o cardamomo (grande), a pimenta preta em pó e o cravinho sem cabeça também são adicionados para melhorar o sabor e o aroma do produto (Dwivedi *et. al.,* 2002). As especiarias dão cor e sabor aos pickles. Contêm óleos essenciais e princípios activos. Os componentes amargos e a pungência ajudam a inibir o crescimento de microrganismos, proporcionam um ambiente anaeróbico e o sal retira a água dos micróbios por deslocação osmótica. As especiarias têm uma ação conservante nos pickles. (1963) referiram que uma emulsão conservante preparada com mostarda em pó, curcuma, casca de laranja e ácido acético podia conservar os pickles de lima com 7,5% de sal.

1.1.1.4. Preparação final dos pickles:

A receita e o método de preparação dos pickles foram adoptados a partir do método normalizado seguido no departamento de Pomologia e Tecnologia Pós-Colheita, Faculdade de Horticultura, Uttar Banga Krishi Viswavidyalaya. O método é descrito em pormenor.

Aqueceu-se óleo de mostarda numa frigideira e adicionaram-se 2 colheres de chá de açúcar. Quando o óleo aqueceu, adicionou-se a mistura de especiarias moídas de curcuma, pimenta preta, cominhos, anis, feno-grego, cominhos pretos e malagueta em pó. Depois de algum tempo, a mostarda e a pasta de gengibre foram adicionadas sequencialmente. As especiarias foram cozinhadas durante meio minuto, após o que se adicionou o feno-grego. De seguida, juntaram-se todos os pedaços de manga curada à mistura de especiarias e óleo. Cozinhou-se durante 15 minutos. Os pickles cozinhados foram então embalados num frasco de vidro previamente esterilizado e cobertos com uma camada fina de óleo, de modo a remover qualquer ar que tivesse ficado. Deixa-se arrefecer o pickle. Os pickles preparados foram deixados ao sol durante quinze dias. Depois disso, os pedaços amolecem e o pickle fica pronto. Após estas 3 semanas, o pickle estava pronto para consumo. Os pickles fabricados em salmoura demoram quinze dias a estar prontos para serem consumidos, enquanto os pickles fabricados em óleo de soja demoram um mês a ser consumidos (Akbudak *et. al.,* 2007).

1.1.1.5. Armazenamento de pickles

Os pickles preparados foram armazenados em frascos de vidro que foram devidamente limpos e esterilizados em água a ferver à temperatura ambiente. Durante todo o período de armazenamento, assegurou-se que os pickles eram armazenados em condições arejadas, secas e higiénicas.

3.2.2. Capacidade de extração de água do sal na amostra curada (g/100g de mistura de sal)

3.2.2.1. Determinação do teor de humidade

O teor de humidade dos pedaços de manga fresca e do pickle final foi determinado de acordo com a AOAC (2000). A amostra pesada macerada (10 g) foi colocada numa placa de Petri tarada e mantida em estufa de ar quente a 70° C até peso constante. A perda de peso foi expressa como fração de humidade do peso inicial.

Em suma, pegou-se num petrídeo e pesou-se. Em seguida, colocam-se cerca de 10 g de pedaços de manga fresca ou de pedaços de manga curada, consoante o caso, e pesam-se. Os petrídeos foram colocados no secador e foi fixada uma temperatura de 70° C. As amostras foram secas até se obter um peso constante. Efectua-se a leitura da amostra seca e subtrai-se o peso do petrídeo utilizado.

Por conseguinte,

$$Moisture\ fraction = \frac{Weight\ of\ pieces\ before\ drying - Weight\ of\ pieces\ after\ drying}{Weight\ of\ pieces\ before\ drying}$$

3.2.2.2. Capacidade final de extração de água (g/100g de sal)

$$\boldsymbol{Water\ Drawing\ Capacity = \frac{W_f \times m_f - W_c \times m_c}{Wt.of\ Salt\ used\ for\ curing} \times 100}$$

onde,

Wf = Peso dos pedaços de manga antes da cura

Wc = Peso dos pedaços de manga após a cura

mf = fração de humidade dos pedaços de manga antes da cura

mc = fração de humidade dos pedaços de manga após a cura

3.2.3. Textura instrumental ou dureza da amostra curada com sal

Para esta observação específica, foi utilizado o analisador de textura instrumental (Stable Microsystem; Modelo: TA.XT.Plus) no laboratório CIC, UBKV. Nesta experiência, foi utilizada uma sonda de 2 mm. A velocidade de pré-teste foi fixada em 1 mm/segundo, a velocidade de teste em 2 mm/segundo, a velocidade de pós-teste em 5 mm/segundo, a distância de penetração em 5 mm e a força de acionamento em 5 g. A amostra de pickles foi mantida no tabuleiro e a sonda foi deixada penetrar na amostra. Certificou-se de que a peça selecionada para o efeito era uma amostra representativa do lote. Deixa-se a sonda voltar e obtém-se um gráfico no ecrã. Anotou-se o valor da força, em gramas (g), correspondente ao pico mais elevado. A força de penetração foi apresentada como dureza em N (newton).

3.2.4. Atividade da água (aw) da amostra curada com sal.

O medidor de atividade da água (Marca: Decagon Devices, Inc, Pullman, Washington, EUA; Modelo: Aqualab series 3TE) no laboratório UBKV do CIC foi utilizado com o objetivo de determinar a atividade da água a 25° C com uma precisão de ±0,003. Antes de utilizar o medidor, este foi calibrado. Em seguida, a amostra de pickles foi colhida e cortada de forma a que as fatias não atravessassem o gargalo do copo que foi colocado no medidor. Assegurou-se que não era adicionada água suplementar à amostra, de modo a garantir que a amostra não recebesse água livre adicional. Em seguida, o medidor funcionou até emitir um sinal luminoso verde, o que significa que a análise foi concluída. A leitura da atividade da água (aw) e a temperatura correspondente foram registadas.

3.2.5. Concentração de Na^+ e K^+ na amostra final de pickles

3.2.5.1. Preparação de amostras/alíquotas

Digestão húmida com ácido nítrico (HNO3) e ácido sulfúrico (H2SO4): Pesa-se a amostra com 5 g de sólidos no balão de digestão. Adicionaram-se 10 ml de H2SO4 conc. e 10 ml de HNO3 conc. A proporção de H2SO4 e HNO3 adicionados foi assegurada para ser 1:1. Isto foi feito para manter a amostra em estado fluido. A amostra foi mantida dissolvida em ácido até que toda a amostra fosse digerida. Depois de a amostra ser homogeneamente digerida na mistura de diácidos, o sistema foi submetido a um banho de areia. Podem ser adicionados 10 ml de água destilada à mistura antes de esta ser submetida a um banho de areia. O sistema foi aquecido até o líquido atingir uma cor castanha escura. Adicionou-se HNO3 gota a gota até o líquido escurecer novamente. A amostra foi digerida até ficar incolor. A digestão final foi concluída quando o volume do líquido atingiu 5 ml. Repetir a adição de 5 ml de água destilada e continuar a ferver até que o estado incolor apareça e os fumos comecem a aparecer. Quando toda a matéria orgânica tiver sido oxidada, a amostra torna-se incolor. Deixou-se arrefecer. Depois de arrefecidas, as amostras foram passadas através de papel de filtro Whatman n.º 1 para um balão volumétrico de 100 ml. O volume foi completado para 100 ml com a adição de água destilada.

3.2.5.2. Preparação standard

Para a análise da concentração de iões Na^+ , foi utilizado NaCl como padrão. Para o efeito, foi utilizado o reagente NaCl (A.R.). Para a análise da concentração de iões K^+ , utilizou-se o KCl como padrão. Para este efeito, foi utilizado o reagente KCl (A.R.).

Pesou-se 0,4767 g de cloreto de potássio (KCl) de qualidade A.R. para um balão volumétrico de 250 ml, de modo a que a concentração fosse de 1000 ppm. Em seguida, com uma pipeta limpa, pipetou-se 10 ml dessa solução para um balão volumétrico de 100 ml, o que faz com que a concentração resultante seja de 100 ppm. Em seguida, pipetou-se 5 ml do padrão de 100 ppm para um balão volumétrico de 50 ml, o que dá 10 ppm de solução. Do mesmo modo, procedeu-se à preparação do padrão de NaCl, mas o peso inicial de cloreto de sódio (NaCl) tomado foi de 0,635 g.

3.2.5.3. Determinação da absorvância com o fotómetro de chama

O fotómetro de chama foi ligado e aquecido durante 30 minutos. No fotómetro de chama, o botão foi regulado para a análise de Na. Em seguida, a chama foi acesa utilizando o dispositivo de ignição, de modo a que a forma da chama se assemelhasse a um pico de montanha. O padrão foi então analisado quanto ao teor de Na. Em seguida, a água destilada foi passada através do tubo de sucção e a leitura foi colocada a zero. A máquina foi normalizada com a ajuda de padrões (0ppm, 10ppm e 20ppm). Com a ajuda do padrão preparado, o valor da absorvância foi registado e foi gerada uma curva. As leituras foram registadas para a água destilada, para a solução de NaCl a 10ppm e, finalmente, para a solução a 20ppm. Registou-se a absorvância para as concentrações acima referidas. Agora as leituras foram efectuadas para todos os tratamentos. O mesmo foi feito no caso da análise do potássio (K)

Tabela 3.4: Tabela que representa os valores de absorvância dos padrões de potássio

ppm	abs
0	1
10	35
20	70

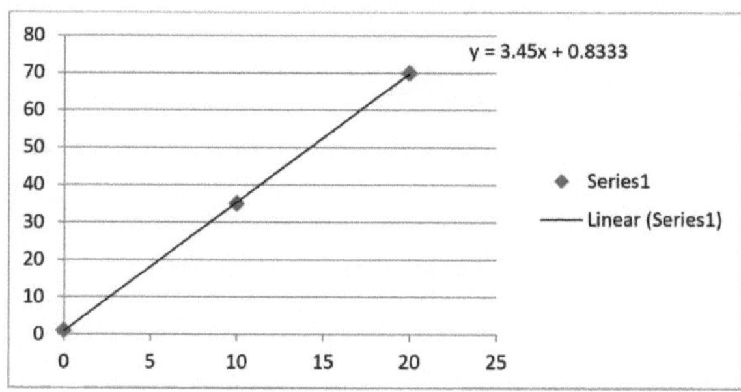

Figura: 3.1: Curva de absorvância do potássio no fotómetro de chama

A leitura do fotómetro de chama assim gerada pela alimentação da amostra digerida de diferentes séries deu o valor de absorvância dessa série específica. O valor de absorvância assim obtido foi multiplicado pela concentração utilizada. O valor obtido foi colocado na equação y = 3,45x + 0,8333 para obter o valor em ppm. O valor obtido (x) corresponde ao teor de potássio na amostra.

Tabela 3.5: Tabela que representa os valores de absorvância dos padrões para o sódio:

ppm	abs
0	1
10	13
20	27

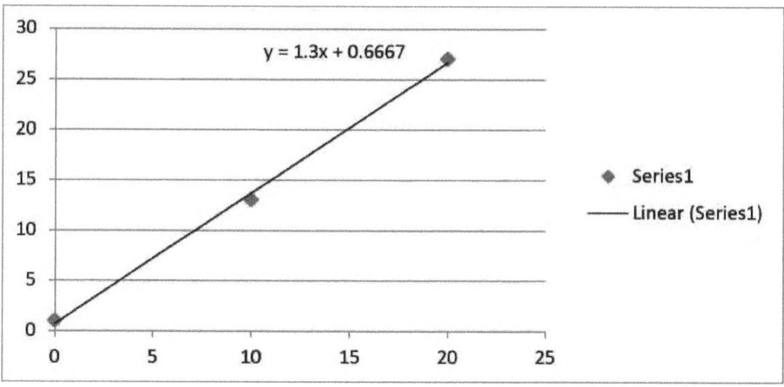

Figura: 3.2: Curva de absorvância do fotómetro de chama para o sódio

A leitura do fotómetro de chama assim gerada pela alimentação da amostra digerida de diferentes séries deu o valor de absorvância dessa série específica. O valor de absorvância assim obtido foi multiplicado pela concentração utilizada. O valor obtido foi colocado na equação y = 1,3x + 0,6667 para obter o valor em ppm. O valor obtido (x) corresponde ao teor de sódio na amostra.

3.2.6 Bactérias do ácido lático e contagem total de placas após 15 dias de preparação de pickles

Todos os aspectos microbiológicos da experiência foram realizados no Laboratório de Pós-Graduação, Departamento de Patologia Vegetal, UBKV. A análise microbiológica do pickle foi efectuada segundo o método de Ranganna (1977). Todas as contagens de bactérias e *Lactobacillus foram* efectuadas segundo a técnica de diluição em série, utilizando meios específicos. As placas foram incubadas a 34±1 °C durante 48 horas e as unidades formadoras de colónias (CFU/g) foram registadas. As observações da contagem microbiana foram efectuadas a intervalos prescritos. O princípio subjacente a este procedimento é que a população bacteriana total tende a diminuir com a redução decimal da concentração da amostra analisada. Normalmente, numa cultura, esperava-se que a população microbiana fosse mais elevada em 10^{-1}, o que tende a diminuir com 10^{-2}, 10^{-3}, 10^{-4}, 10^{-5} e 10^{-6} de concentração da amostra. Quanto maior for a concentração da amostra, maior será a concentração microbiana esperada.

3.2.6.1. Preparação da amostra/alíquota

No estudo acima referido, as amostras analisadas foram as amostras de pickles preparados. As amostras foram maceradas e coladas corretamente por almofariz-pilão. Durante a maceração, foi utilizada água quente suave para garantir uma amostra uniforme. Foi preparada uma solução de amostra de 10 ml através deste procedimento.

3.2.6.2. Materiais necessários

Tabela 3.6: Materiais necessários para o ensaio microbiológico de amostras de pickles

Materiais necessários	Montante
Amostra de pickles	10 *g*
Media	250 ml
Água destilada esterilizada	100ml
Tubo de ensaio	5
Balão cónico	1 x 90 ml
Pipeta esterilizada	6
Placas de Petri	30

3.2.6.3. Meios utilizados no decurso do inquérito:

Com o objetivo de cultivar bactérias do ácido lático e obter a contagem de bactérias do ácido lático, foi comprado Lactobacillus MRS Agar. Foi utilizada a marca de meios Himedia. Os meios que continham os tubos de ensaio foram mantidos intactos durante um dia para evitar a contaminação antes da utilização. Para efeitos de CFU ou contagem microbiana total, foi adquirido o meio Nutrient Agar, Himedia.

3.2.6.4. Preparação e esterilização de meios

O meio foi vertido suavemente em água a ferver e foi agitado continuamente para garantir uma coagulação mínima. O meio foi vertido num frasco cónico (pré-esterilizado) e selado hermeticamente, tapando-o com algodão não absorvente. O meio foi esterilizado corretamente num autoclave a uma temperatura de 121^{0} C, a uma pressão de 15 psi durante 15 minutos. O meio foi preparado no dia anterior ao plaqueamento para facilitar a poupança de tempo. Para além disso, a água destilada também teve de ser esterilizada em autoclave antes de ser utilizada. Os 5 tubos de ensaio, cada um contendo 9 ml de água destilada, também foram esterilizados na autoclave.

3.2.6.5. Composição dos meios de comunicação

Quadro 3.7: Composição do meio de cultura Nutrient Agar

Ingredientes	**Quantidade (g/l)**
Extrato de carne de bovino	3
Peptona	5
NaCl	5
Ágar	20
pH	7
Água destilada	1000ml

Este meio é um meio seletivo, especialmente preparado para aceder à população de bactérias do ácido lático. Os nutrientes adicionados e o pH do meio são adequados apenas para o crescimento de Lactobacillus sp.

Tabela 3.8: Composição do meio Lactobacillus Agar

Ingredientes	**Quantidade (g/l)**
Peptose peptona	10
Extrato de carne de bovino	10
Extrato de levedura	5
Dextrose	20
Polissorbato 80	1

Citrato de amónio	2
Acetato de sódio	5
Sulfato de magnésio	0.10
Sulfato de manganês	0.05
Fosfato dipotássico	2
Ágar	12
pH	6.5 ± 2

3.2.6.6. Esterilização de objectos de vidro

Os materiais de vidro, como pipetas e placas de Petri, que foram utilizados durante todo o processo de experimentação, foram esterilizados num forno de ar quente a 180° C durante 20 minutos. Assegurou-se que os utensílios de vidro não estavam contaminados por serem mantidos durante demasiado tempo no exterior antes do plaqueamento.

3.2.6.7. Revestimento

O plaqueamento das amostras de pickles foi efectuado nos dias 15th e 30th da preparação dos pickles. O plaqueamento foi efectuado num ambiente estéril dentro de uma câmara de fluxo de ar laminar. A luz UV foi acionada durante, pelo menos, 30 minutos antes de se proceder ao derrame na placa. Depois disso, certificou-se de que a luz UV estava desligada durante o trabalho no fluxo de ar laminar e que o filtro de ar HEFA estava ligado durante o trabalho. Todas as placas foram colocadas dentro da câmara juntamente com as pipetas esterilizadas. As pontas das pipetas nunca deviam ser tocadas para evitar a contaminação. Foi guardado um frasco de álcool com algodão para esterilizar as mãos antes de cada operação. Agora, 9 ml da amostra preparada foram retirados com uma pipeta e colocados no frasco contendo 90 ml de água. Isto assegura uma redução decimal da concentração da amostra. A concentração da amostra no balão é agora de 10^{-1} . Pegou-se noutra pipeta limpa e, do frasco que continha a amostra de 10^{-1} , extraiu-se 1 ml, que foi vertido para um tubo de ensaio de 1st . Assim, a concentração do tubo de ensaio 1st era de 10^{-1} . Repetiu-se o mesmo procedimento para as concentrações de 10^{-2} , 10^{-3} , 10^{-4} , 10^{-5} e 10^{-6} . A partir do balão 10^{-1} , utilizou-se a mesma pipeta para verter a amostra de modo a cobrir todo o fundo da placa de Petri. A amostra de 10^{-1} foi colocada em mais duas placas. Em seguida, o meio de cultura, que foi derretido num forno de micro-ondas, foi vertido suave e uniformemente nas placas. Da mesma forma, foram preparadas as amostras 10^{-2} , 10^{-3} , 10^{-4} , 10^{-5} e 10^{-6} . Em seguida, as placas foram devidamente etiquetadas com a data do plaqueamento e embaladas numa folha de polipropileno. Em seguida, estas placas de Petri foram colocadas na incubadora BOD, onde foi mantida uma temperatura de

27±1° C.

3.2.6.8. Contagem das colónias

As observações foram registadas no 4th dia do plaqueamento. Uma placa de cada tratamento foi retirada uma a uma e o número total de colónias foi contado. Uma vez que foram preparadas 3 placas por concentração, calculou-se a média da contagem de colónias das 3 placas. Em concentrações mais elevadas, como 10^{-1} ou 10^{-2} , as colónias podem coalescer, mas em concentrações mais baixas espera-se que existam apenas algumas colónias. Se a população bacteriana for demasiado grande na concentração mais elevada, de modo a que as colónias se fundam, também se pode tentar uma concentração mais baixa das placas. As leituras foram anotadas e a leitura média foi efectuada.

3.2.7 Propriedade organoléptica ou análise sensorial baseada na Escala Hedónica

Todas as 16 amostras de pickles foram colocadas em diferentes embalagens limpas e codificadas de forma arbitrária. Pediu-se a qualquer pessoa saudável ao acaso, com boa perceção do sabor, que provasse as 16 amostras uma a uma. Pediu-se-lhe que as classificasse de 1 a 9 com base em diferentes colunas, como o salgado, a doçura, o azedo, o picante e o aspeto. O mesmo foi repetido com outras 9 pessoas e as leituras foram anotadas. A escala mais utilizada para medir a aceitabilidade dos alimentos é a escala hedónica de 9 pontos. David Peryam e colegas desenvolveram a escala no Quartermaster Food and Container Institute das Forças Armadas dos Estados Unidos, com o objetivo de medir as preferências alimentares dos soldados (Peryam *et. al.,* 1952). A escala foi rapidamente adoptada pela indústria alimentar e, atualmente, é utilizada não só para medir a aceitabilidade de alimentos e bebidas, mas também de produtos de higiene pessoal, produtos domésticos e cosméticos. As âncoras verbais da escala foram selecionadas de modo a que a distância psicológica entre os pontos sucessivos da escala seja aproximadamente igual (Jones *et. al.,* 1955). Esta propriedade de intervalo igual ajuda a justificar a prática de analisar as respostas atribuindo valores inteiros sucessivos (1 a 9) aos pontos da escala e testando as diferenças na aceitabilidade média utilizando estatísticas paramétricas. A fiabilidade, a validade e a capacidade de discriminação da escala foram comprovadas em testes de aceitação de alimentos com soldados no campo e no laboratório, bem como em inquéritos de preferência alimentar em grande escala (Peryam *et. al.,* 1957). Uma vez que a perceção do sabor varia consoante a idade e o sexo de um indivíduo, tentou-se introduzir um tipo de população diferente para a avaliação das propriedades organolépticas.

Escala Hedónica de Pontos

a. Como Extremamente

b. Gosto muito c. Gosto moderadamente d. Gosto ligeiramente e. Não gosto nem desgosto f. Não gosto ligeiramente

g. Não gosto moderadamente

h. Não gosto muito

i. Não gosto muito

Parâmetros em consideração

i. Aparência

ii. Salinidade

iii. Azedume

iv. Doçura

v. Suavidade

vi. Qualidade das especiarias

vii. Classificação geral

RESULTADOS E DEBATES

Tabela 4.1: Execuções experimentais com as suas variáveis componentes da mistura e variáveis de resposta

Ordem de execução	Componente da mistura de sal			Capacidade de extração de água (g/100g de mistura de sal)	Dureza da amostra curada (N)	Atividade da água da amostra curada	Concentração de Na no picles (ppm)	Concentração de K em picles (ppm)	Contagem de bactérias do ácido lático (log UFC)	Contagem total em placas (log ufc)	Pontuação hedónica
	A: NaCl	B: KCl	C: CaCl2								
1	0.000	0.750	0.250	60.370	8.329	0.969	76.408	469.324	6.256	6.340	6.552
2	0.000	0.750	0.250	58.364	8.429	0.968	68.715	466.425	6.209	6.322	6.616
3	0.625	0.375	0.000	96.619	7.739	0.973	157.398	170.773	6.321	6.381	7.244
4	0.625	0.188	0.188	85.531	7.440	0.973	210.485	87.193	6.303	6.342	6.952
5	0.250	0.750	0.000	100.969	8.448	0.971	114.869	475.121	6.278	6.375	7.036
6	0.250	0.750	0.000	102.692	8.129	0.971	107.177	472.222	6.151	6.389	7.131
7	0.125	0.750	0.125	90.807	7.470	0.973	99.485	449.657	6.204	6.369	6.631
8	0.125	0.750	0.125	89.143	7.237	0.972	91.792	451.063	6.226	6.367	6.619
9	0.875	0.000	0.125	85.126	6.998	0.974	330.254	28.744	6.343	6.386	7.009
10	0.375	0.375	0.250	61.353	8.071	0.970	145.638	179.469	6.251	6.316	6.818
11	0.750	0.000	0.250	60.586	8.470	0.970	276.408	54.831	6.327	6.321	7.243
12	1.000	0.000	0.000	90.415	7.796	0.973	397.946	37.440	6.432	6.383	7.393
13	0.750	0.000	0.250	65.158	8.241	0.969	269.023	46.338	6.400	6.347	7.226
14	1.000	0.000	0.000	85.419	7.952	0.972	408.715	31.643	6.452	6.397	7.429

15	0.750	0.188	0.063	96.073	7.190	0.973	237.946	80.585	6.299	6.358	7.096
16	0.250	0.563	0.188	84.455	7.450	0.973	111.254	299.034	6.285	6.332	6.631

Os resultados dos estudos sobre a substituição de sódio nos pickles de manga estão a ser ilustrados cronologicamente neste mesmo capítulo. Os estudos foram realizados sobre o efeito de diferentes combinações de sal que estavam a ser utilizadas para efeitos de cura. Mais tarde, as diferentes amostras de pickles preparadas com estas combinações de sal foram analisadas com base em diferentes respostas. As respostas estudadas afectam direta ou indiretamente as propriedades dos pickles. Os resultados são apresentados sob a forma de tabelas e explicados graficamente. São também efectuadas discussões adequadas para apoiar os resultados obtidos.

4.1. Capacidade de extração de água das amostras curadas (g/100g de mistura de sais) em diferentes regimes

Os resultados da capacidade de extração de água em g/100g de mistura de sal são apresentados na figura 4.1. O gráfico mostra que a capacidade de extração de água das amostras curadas (g/100g de mistura de sal) é máxima no ensaio n.º 6, que é 102,692, e mínima no ensaio n.º 2, que é 58,364. Isto pode dever-se ao endurecimento dos tecidos por iões de cálcio (Ca^{++}), que impedem a exosmose de água dos tecidos.

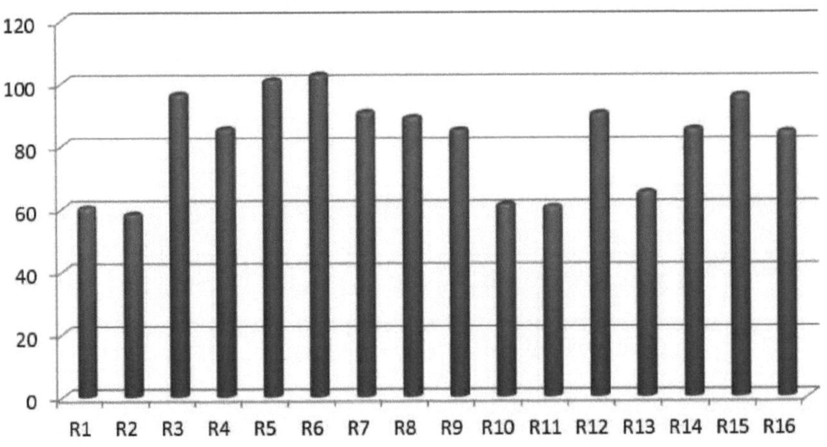

Figura 4.1: Gráfico que mostra a capacidade de extração de água das amostras curadas (g/100g de mistura de sais) em diferentes execuções.

A análise de variância para a capacidade de extração de água da mistura de sal na fase de cura da preparação de pickles é apresentada no Quadro 4.2. O modelo quadrático para a capacidade de extração de água foi considerado significativo a um nível de confiança de 99%. Os efeitos dos componentes lineares da mistura de sal também foram considerados significativos a um nível de confiança de 99%.

O coeficiente de estimativas revela uma influência negativa do CaCl2, o que significa que uma fração mais elevada de CaCl2 na mistura de sais afectará negativamente a capacidade de extração de água na fase de cura. Isto pode dever-se ao endurecimento dos tecidos por iões de cálcio (Ca^{++}), o que dificulta a exosmose de água dos tecidos. O efeito linear do NaCl e do KCl foi considerado positivo, com uma capacidade ligeiramente melhor do KCl em relação ao NaCl.

O efeito de interação de NaCl e KCl também foi considerado significativo a um nível de confiança de 95%. A interação de NaCl - $CaCl_2$ e KCl - $CaCl_2$ também foi significativa a um nível de confiança de 99%.

A magnitude da interação entre NaCl e KCl foi muito menor do que NaCl - $CaCl_2$ e KCl - CaCl2. O R^2 ajustado e o R^2 previsto do modelo ajustaram-se muito bem um ao outro e a precisão adequada foi muito superior a 4, indicando que o modelo desenvolvido através desta experiência pode ser efetivamente utilizado para prever a capacidade de extração de água da mistura de sais dentro do espaço do desenho.

Tabela-4.2: Análise de variância para a capacidade de extração de água (wdc) da mistura de sal durante a cura

Fonte	**Soma dos quadrados**	**df**	**Coeficiente de estimativa**	**valor *de p***
Modelo	3547.860	5		< 0.0001
Mistura linear	2908.110	2		< 0.0001
A: NaCl			87.51	
B: KCl			97.74	
C: CaCl2			-584.38	
A×B	45.930	1	30.50	0.0437
A×C	414.650	1	764.69	< 0.0001
B×C	342.780	1	701.68	< 0.0001
Residual	86.230	10		
Falta de ajuste	58.430	5		0.2172
Erro puro	27.810	5		

Total corrigido	3634.100	15		
Desvio padrão	2.940		R^2	0.98
Média	-82.070		R ajustado^2	0.96
C.V. %	3.580		R previsto^2	0.94
IMPRENSA	216.410		Precisão adequada	23.43

Equação: Capacidade de extração de água = 87,51 × A + 97,74 × B - 584,38 × C + 30,40 × A × B + 764,68 × A × C + 701,68 × B × C

Onde, A = fração de NaCl; B = fração de KCl; C = fração de CaCl2

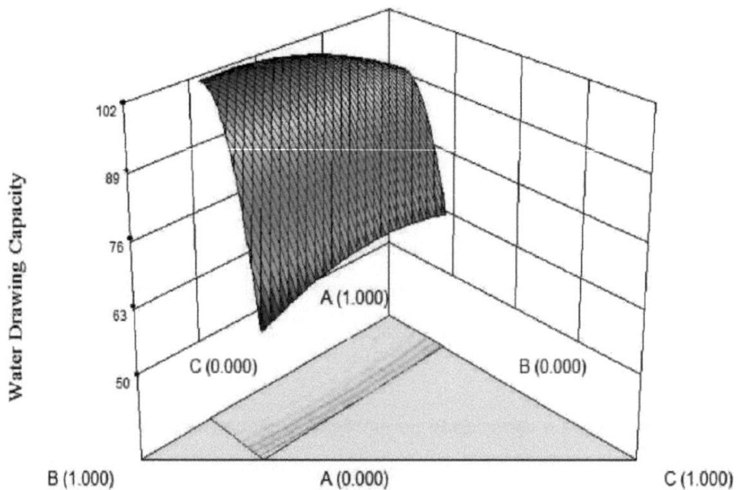

Figura 4.2: Capacidade de extração de água da mistura de sais

A Figura 4.2 revela que, na ausência de CaCl2 na mistura de sais, a capacidade de extração de água aumenta à medida que o rácio de NaCl e KCl diminui. Com uma concentração mínima de K, à medida que a fração de CaCl2 aumenta na mistura de sais, a capacidade de extração de água diminui quadriticamente até um mínimo de 58,364 quando atinge a fração mais elevada de 0,25 na mistura de sais. Foi observado um declínio semelhante quando se adicionou K a uma mistura de sais com uma concentração máxima de Ca (0,25%). Quando a mistura tem um teor máximo de K, a adição de CaCl2 reduziria quadriticamente a capacidade de extração de água.

4.2. A figura 4.3 mostra que a dureza da amostra curada com sal (N) em diferentes execuções é máxima na execução nº 11, que é 8,47, e mínima na execução nº 9, que é 6,998. Isto pode dever-se ao aumento da ligação intercelular devido à ponte de cálcio (Ca).

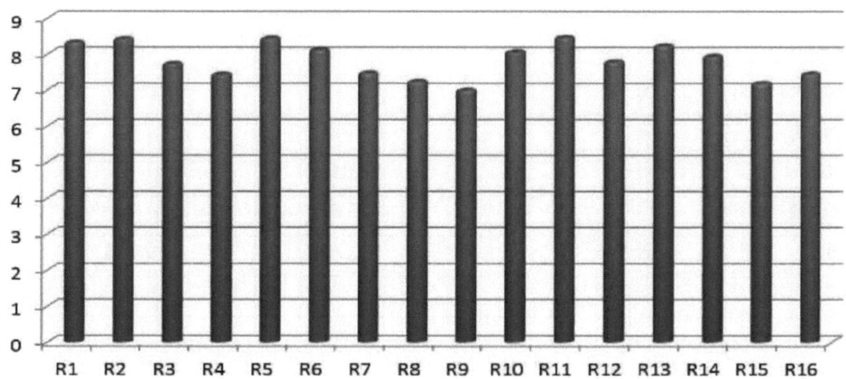

Figura 4.3: Gráfico que mostra a dureza da Amostra curada com sal (N) em diferentes execuções

Table 4.3. Análise de variância para a dureza das peças curadas com sal

A análise de variância para a dureza dos pickles curados com sal é apresentada no quadro 4.3. O modelo quadrático para a dureza foi considerado significativo a um nível de confiança de 99%. Os efeitos dos componentes lineares da mistura de sal também foram considerados significativos a um nível de confiança de 99%.

O coeficiente de estimativa revela uma influência positiva do NaCl, KCl e CaCl2 na dureza das peças curadas com sal. O coeficiente de estimativa para o CaCl2 foi muito mais elevado do que para o NaCl e o KCl. Isto pode dever-se ao aumento da ligação intercelular devido à ponte de cálcio (Ca). O efeito linear do NaCl e do KCl também foi positivo, com uma capacidade ligeiramente superior do KCl em relação ao NaCl.

O efeito de interação de NaCl e KCl também foi considerado significativo a um nível de confiança de 95%. A interação NaCl - $CaCl_2$ e KCl - $CaCl_2$ também foi significativa a um nível de confiança de 99%. A magnitude da interação entre NaCl e KCl foi muito menor do que NaCl - $CaCl_2$ e KCl - $CaCl_2$. A interação entre KCl - $CaCl_2$ foi superior à interação NaCl - $CaCl_2$, o que reflecte que o efeito de interação KCl - $CaCl_2$ foi superior ao de NaCl - $CaCl_2$.

O R^2 ajustado e o R^2 previsto do modelo estavam razoavelmente de acordo entre si e a precisão adequada era muito superior a 4, indicando que o modelo desenvolvido através desta experiência pode ser efetivamente utilizado para prever a dureza de peças curadas com sal dentro do espaço do desenho.

Fonte	**Soma dos**	**df**	**Coeficiente de**	**valor de p**

	quadrados		estimativa	
Modelo	3.458	5		<0.0001
Mistura linear	0.278	2		0.007
A: NaCl			7.845	
B: KCl			8.849	
C: CaCl2			56.530	
A×B	0.145	1	-1.715	0.013
A×C	2.747	1	-62.245	<0.0001
B×C	3.038	1	-66.056	<0.0001
Residual	0.161	10		
Falta de ajuste	0.040	5		0.876
Erro puro	0.121	5		
Total corrigido	3.619	15		
Desvio padrão	0.127		**R^2**	0.955
Média	7.837		**R ajustado^2**	0.933
C.V. %	1.620		**R previsto^2**	0.878
IMPRENSA	0.441		**Precisão adequada**	16.218

Equação: Dureza (N) = 7,85 × A + 8,85 × B + 56,53 × C - 1,72 × A × B - 62,25 × A × C - 66,06 × B × C

em que: A = fração de NaCl; B = fração de KCl; C = fração de CaCl2

Table 4.4. : Dureza das peças curadas com sal

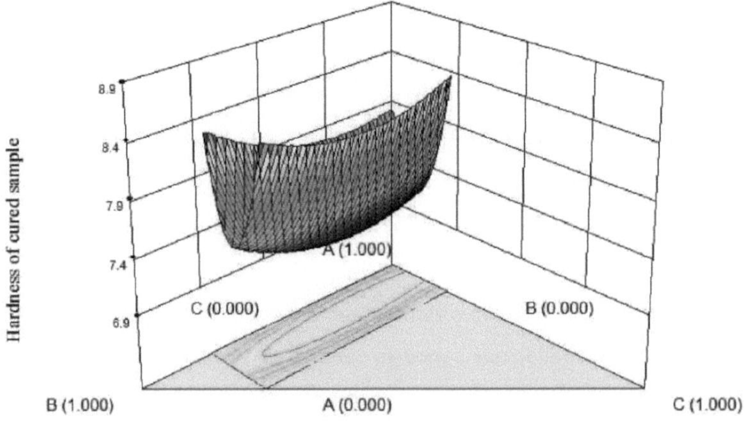

A Figura 4.4 mostra que, com a concentração mais elevada de KCL, o efeito do Ca diminuiu inicialmente e aumentou até a fração mais elevada de CaCl2 atingir o máximo de 0,25. Um efeito quadrático semelhante foi também encontrado em misturas de sais sem qualquer KCl. Na ausência de CaCl2 na mistura de sais, verificou-se que o efeito do aumento da fração de KCl aumenta quadraticamente a dureza da amostra pura.

4.3. Atividade da água da amostra curada com sal em diferentes tempos

As actividades de água da amostra curada com sal em diferentes execuções são discutidas na figura 4.5. Verificou-se que a atividade da água da amostra curada era mais elevada no ensaio n.º 9, que era de 0,974, e mais baixa no ensaio n.º 2, que era de 0,968. Isto pode dever-se ao facto de os iões de cálcio, sendo divalentes, terem mais afinidade para uma molécula de água e estas moléculas de água estarem ligadas ao ião de cálcio por ligação eletrostática e o CaCl2 ser mais higroscópico.

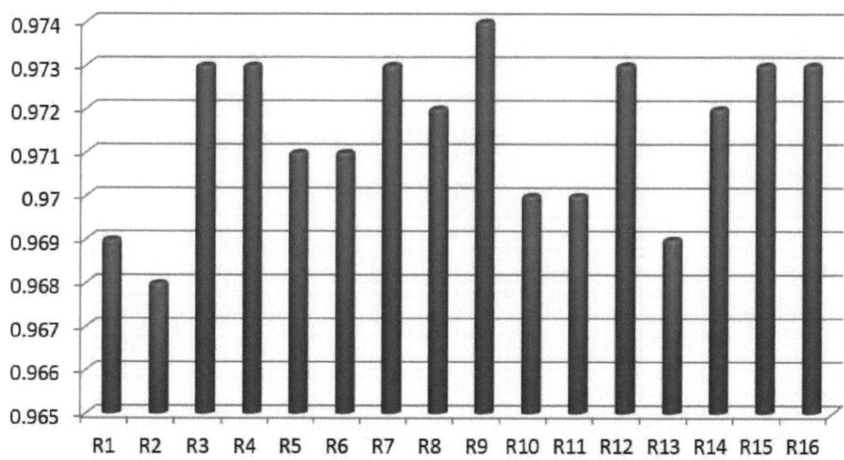

Figura 4.5: Gráfico que mostra a atividade da água da amostra curada com sal em diferentes períodos

A análise de variância para a atividade da água dos pedaços de manga curados é apresentada no Quadro 4.4. O modelo quadrático para a atividade da água foi considerado significativo a um nível de confiança de 99%. Os efeitos dos componentes lineares da mistura de sal também foram considerados significativos a um nível de confiança de 99%.

O coeficiente das estimativas revela uma influência positiva do NaCl, do KCl e do CaCl2. O coeficiente de estimativa mostra também que o CaCl2 tem um valor ligeiramente inferior ao do NaCl e do KCl. Tal pode dever-se ao facto de o efeito linear do NaCl ser superior ao do KCl. O efeito de interação do NaCl e do KCl também foi considerado significativo a um nível de confiança de 95%. A interação de NaCl - $CaCl_2$ e KCl - $CaCl_2$ também foi significativa a um nível de confiança de 99%. A magnitude da interação entre NaCl e KCl foi muito menor do que NaCl - $CaCl_2$ e KCl - CaCl2.

O R^2 ajustado e o R^2 previsto do modelo ajustaram-se estreitamente entre si e a precisão adequada foi superior a 4, o que indica que o modelo desenvolvido através desta experiência pode ser utilizado eficazmente para prever a atividade da água da mistura de sais no espaço do desenho.

Tabela 4.4: Análise de variância para a atividade da água de peças curadas com sal

Fonte	Soma dos quadrados	df	Coeficiente de Estimativa	valor de p
Modelo	4.85 × 10-5	5		<0.0001
Mistura linear	1.94 × 10-5	2		0.0002
A: NaCl			0.972	
B: KCl			0.969	
C: CaCl2			0.830	
A×B	2.55 × 10-6	1	0.007	0.033
A×C	2.17 × 10-5	1	0.175	<0.0001
B×C	2.37 × 10-5	1	0.184	<0.0001
Residual	4.16× 10-6	10		
Falta de ajuste	2.16 × 10-6	5		0.467
Erro puro	0.000002	5		
Total corrigido	0.00005	15		
Desvio padrão	0.000645		**R^2**	0.977
Média	0.971		**R ajustado^2**	0.875
C.V. %	0.066		**R previsto^2**	0.805
IMPRENSA	9.76 × 10-6		**Precisão adequada**	14.007

Equação: Atividade da água= 0,97 × A + 0,97 × B + 0,83 × C + 0,007 × A × B + 0,17 × A × C + 0,18 × B × C

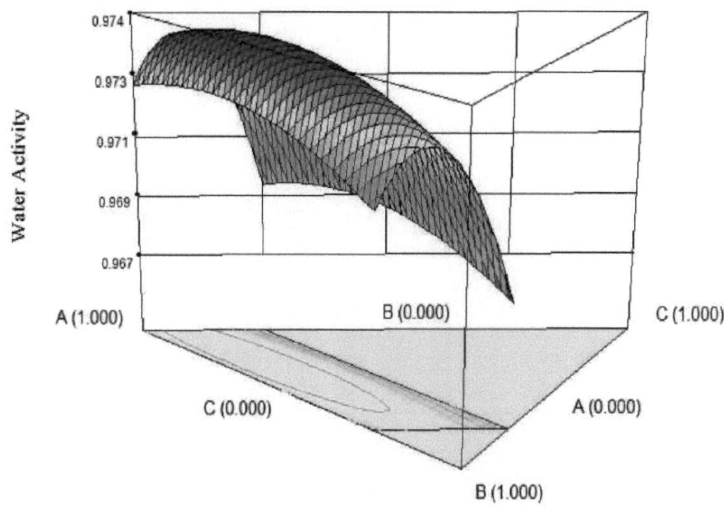

Figura 4.6: Atividade da água de peças curadas com sal

A Figura 4.6 mostra que, numa solução salina que não contém CaCl2, à medida que o teor de cloreto de potássio aumenta na solução salina, a atividade da água diminui quadriticamente e apresenta uma diminuição rápida na concentração máxima de potássio. Na concentração máxima de potássio na mistura salina, à medida que o teor de cálcio aumenta, a atividade da água apresenta um declínio acentuado. No nível máximo de CaCl2, à medida que o teor de potássio aumenta na mistura salina, a atividade da água diminui continuamente. No nível zero de potássio na solução salina, à medida que a concentração de cloreto de cálcio aumenta, a atividade da água também apresenta um declínio muito rápido.

4.4. Teor de sódio das amostras de pickles finais em diferentes passagens

O teor de sódio nas amostras de pickles finais está ilustrado na figura 4.7. A corrida n.º 14 tinha um teor máximo de sódio de 408,715 ppm e a corrida n.º 2 apresentava o teor mais baixo de sódio no pickle final, que era de 68,715 ppm. O teor de sódio mais elevado deve-se principalmente à maior percentagem de sódio utilizada na mistura de sal durante a cura.

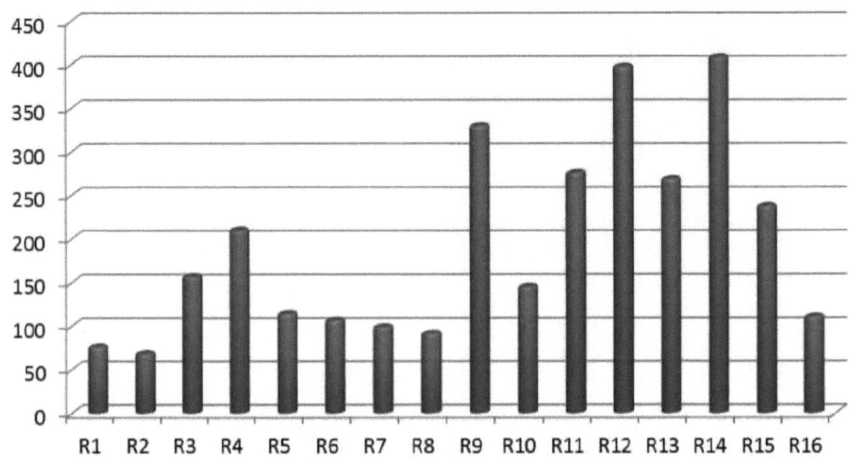

Figura 4.7: Gráfico que mostra o teor de sódio das amostras finais de pickles em diferentes passagens

Quadro 4.5: Análise de variância para a concentração de sódio no pickle de manga final

Fonte	Soma dos quadrados	df	Coeficiente de Estimativa	valor de p
Modelo	193839.8	6		<0.0001
Mistura linear	177791.9	2		<0.0001
A: NaCl			404.013	
B: KCl			182.029	
C: CaCl2			550.489	
A×B	10537.17	1	-686.468	<0.0001
A×C	452.439	1	-887.871	0.004
B×C	592.342	1	1079.73	0.0017
ABC	2520.331	1	1980.73	<0.0001
Residual	273.377	9		
Falta de ajuste	99.367	4		0.617
Erro puro	174.010	5		
Total corrigido	194113.2	15		
Desvio padrão	5.511		**R^2**	0.998
Média	193.970		**R ajustado^2**	0.998
C.V. %	2.841		**R previsto^2**	0.995

IMPRENSA	884.860		Precisão adequada	91.160

A análise de variância para a concentração de sódio no pickle de manga final é apresentada no quadro 4.5. O modelo quadrático para a concentração de sódio foi considerado significativo a um nível de confiança de 99%. Os efeitos dos componentes lineares da mistura de sal também foram considerados significativos a um nível de confiança de 99%.

O coeficiente de estimativas revela uma influência positiva do NaCl, KCl e CaCl2. O coeficiente de estimativa também mostra que o KCl tem o valor mais baixo devido à ausência de qualquer forma de ião sódio no sal. O efeito linear do NaCl foi maior do que o do KCl.

O efeito de interação de NaCl e KCl foi considerado não significativo a um nível de confiança de 99%. A interação NaCl - CaCl2 também não foi significativa a um nível de confiança de 95%, mas a interação KCl - $CaCl_2$ mostra significância a um nível de confiança de 99%. A magnitude da interação entre NaCl - KCl e $CaCl_2$ também foi significativa, mas mostra um valor mais elevado do coeficiente de estimativa em comparação com KCl e CaCl2.

O R^2 ajustado e o R^2 previsto do modelo estavam estreitamente ajustados um ao outro e a precisão adequada era superior a 4, o que indica que o modelo desenvolvido através desta experiência pode ser efetivamente utilizado para prever o teor de sódio da amostra de pickles no espaço do desenho.

Equação: Concentração de Na (ppm) = $404{,}01 \times A + 182{,}03 \times B + 550{,}49 \times C - 686{,}47 \times A \times B - 887{,}87 \times A \times C + 1079{,}73 \times B \times C + 1980{,}56 \times A \times B \times C$

Onde, A = fração de NaCl; B = fração de KCl; C = fração de CaCl2

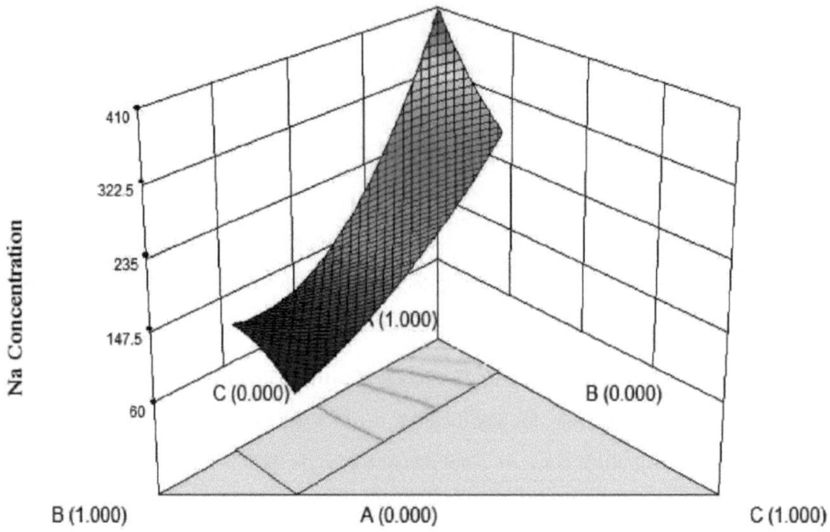

Figura 4.8: Concentração de sódio da amostra final de pickles

A Figura 4.8 mostra que, a uma concentração zero de Ca na mistura de sal, com o aumento do teor de potássio, o teor de Na apresenta um declínio quadrático, mas mostra um ligeiro aumento na concentração máxima de potássio. Na concentração máxima de potássio, à medida que o teor de Ca é aumentado na mistura de sal, o teor de Na apresenta um declínio lento. No teor máximo de Ca na mistura de sal (0,25%), à medida que o teor de potássio aumenta, também se regista uma diminuição na concentração de Na na amostra de pickles. Com um teor zero de potássio na mistura de sal, à medida que o Ca é adicionado, o declínio no teor de Na é o mais constante.

4.5. Teor de potássio das amostras de pickles finais em diferentes passagens

O teor de potássio na amostra final de pickle é apresentado na figura 4.9. A corrida n.º 6 tem o valor mais elevado de potássio no pickle final, que é de 472,222 ppm, enquanto a corrida n.º 8 tem o valor mais baixo de teor de potássio, que é de 28,744. O teor mais elevado de potássio deve-se principalmente à maior percentagem de potássio que foi utilizada na mistura de sal durante a cura.

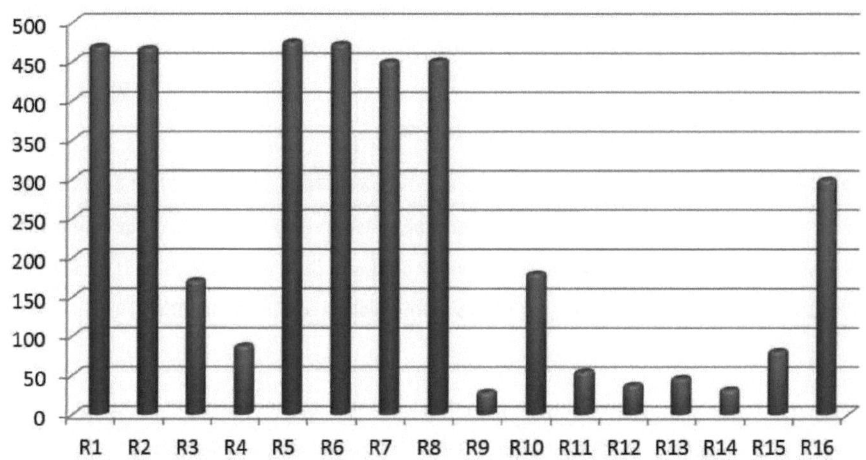

Figura 4.9: Gráfico que mostra o teor de potássio das amostras finais de pickles em diferentes execuções

Tabela 4.6: Análise de variância para a concentração de potássio no pickle de manga final

Fonte	**Soma dos quadrados**	**df**	**Coeficiente de estimativa**	**valor de p**
Modelo	562850.9	5		<0.0001
Mistura linear	546230.6	2		<0.0001
A: NaCl			34.489	
B: KCl			753.343	
C: CaCl2			799.148	
A×B	14757.62	1	-546.717	<0.0001
A×C	611.404	1	-928.561	0.0002
B×C	1757.97	1	-1589.04	<0.0001
Residual	188.376	10		
Falta de ajuste	126.120	5		0.228
Erro puro	62.256	5		
Total corrigido	563039.2	15		
Desvio padrão	4.340		**R^2**	0.100
Média	237.491		**R ajustado^2**	0.999
C.V. %	1.827		**R previsto^2**	0.999
IMPRENSA	491.102		**Precisão adequada**	166.530

A análise de variância para a concentração de potássio no pickle de manga final é apresentada no quadro 4.6. O modelo quadrático para a concentração de potássio foi considerado significativo a um nível de confiança de 99%. Os efeitos dos componentes lineares da mistura de sal também se revelaram significativos a um nível de confiança de 99%.

O coeficiente de estimativas revela uma influência positiva do NaCl, KCl e CaCl2. O coeficiente de estimativa também mostra que o NaCl tem o valor mais baixo devido à ausência de qualquer forma de ião potássio no sal. O efeito linear do KCl foi maior do que o do NaCl. O efeito de interação NaCl - KCl, KCl - $CaCl_2$ e $CaCl_2$ - NaCl não foi significativo a um nível de confiança de 99%.

O R^2 ajustado e o R^2 previsto do modelo eram iguais e a precisão adequada era muito superior a 4, o que indica que o modelo desenvolvido através desta experiência pode ser efetivamente utilizado para prever o teor de potássio da amostra de pickles dentro do espaço do desenho.

Equação: Teor de K (ppm) = 34,49 × A + 753,34 × B + 799,15 × C - 546,72 × A × B - 928,56 × A × C - 1589,04 × B × C

em que: A = fração de NaCl; B = fração de KCl; C = fração de CaCl2

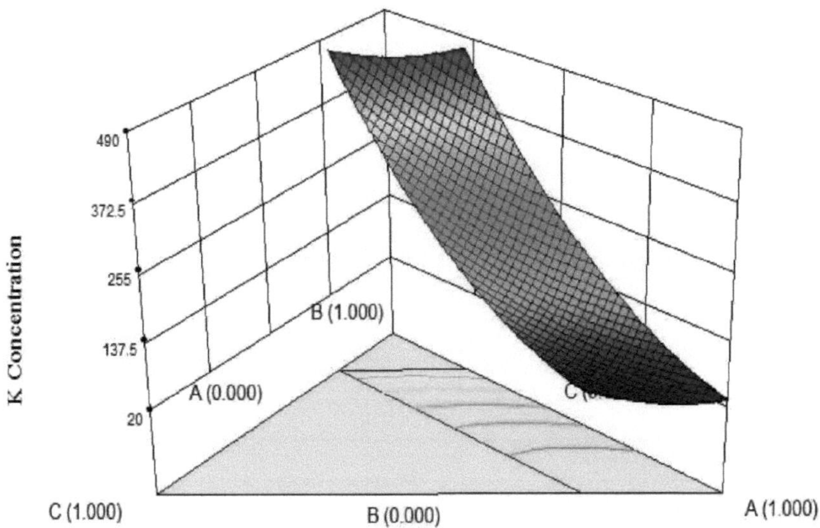

Figura 4.10: Concentração de potássio na amostra final de pickles

A figura 4.10 mostra que, com uma concentração mínima de Ca na solução salina, à medida que se aumenta o teor de KCl na solução salina, verifica-se um aumento rápido do teor de potássio. Na concentração máxima de potássio, verifica-se um aumento quadrático da concentração de K na amostra de pickles. Com a concentração máxima de Ca na mistura salina, à medida que o teor de potássio foi aumentando até ao seu nível máximo (0,75), verifica-se um aumento abrupto da concentração de K na amostra final. Com um teor mínimo de K na solução salina, à medida que o teor de Ca foi aumentado de 0 para 0,25, verifica-se um aumento da concentração de K na amostra de pickles.

4.6. Contagem de bactérias do ácido lático (log UFC) na amostra final de pickle em diferentes execuções

A Figura 4.11 mostra a população de bactérias do ácido lático (log UFC) nas amostras finais de pickles. Verificou-se que o ensaio n.º 14 tem uma contagem máxima de bactérias do ácido lático (log UFC), que é de 6,452 log UFC, e o ensaio n.º 6 tem uma contagem mínima, que é de 6,151. A contagem mais elevada de LAB no caso do ensaio nº 14 deve-se ao facto de o NaCl ser mais propício ao crescimento da população de LAB.

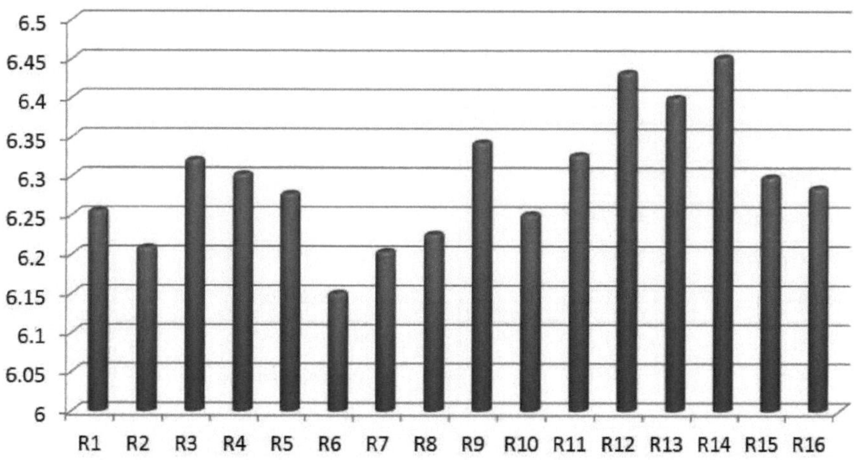

Figura 4.11: Contagem de bactérias do ácido lático (log UFC) na amostra final de pickle em diferentes execuções

A análise de variância para as bactérias do ácido lático no pickle de manga final é apresentada no Quadro 4.7. O modelo linear para a concentração de bactérias do ácido lático foi considerado significativo a um nível de confiança de 99%. Os efeitos dos componentes lineares da mistura de sal também foram considerados significativos a um nível de confiança de 99%.

O coeficiente das estimativas revela uma influência positiva do NaCl, KCl e CaCl2 na população de bactérias do ácido lático na amostra de pickles. O coeficiente das estimativas também mostra que o NaCl tem um valor ligeiramente mais elevado em comparação com o $CaCl_2$ e o KCl. Não foi encontrado efeito de interação entre NaCl - KCl, KCl - CaCl2 e CaCl2 - NaCl.

O R^2 ajustado e o R^2 previsto do modelo mostraram uma ligeira diferença e a precisão adequada foi superior a 4, o que indica que o modelo desenvolvido através desta experiência pode ser efetivamente utilizado para prever a população de bactérias do ácido lático da amostra de pickles dentro do espaço do desenho.

Quadro 4.7: Análise de variância para as bactérias do ácido lático em pickles

Fonte	Soma dos quadrados	df	Coeficiente de estimativa	valor de p
Modelo	0.078	2		0.0001
Mistura linear	0.078	2		0.0001
A: NaCl			6.395	
B: KCl			6.183	
C: CaC|2			6.264	
Residual	0.026	13		
Falta de ajuste	0.014	8		0.696
Erro puro	0.012	5		
Total corrigido	0.104	15		
Desvio padrão	0.045		**R^2**	0.750
Média	6.296		**R ajustado^2**	0.711
C.V. %	0.710		**R previsto^2**	0.591
IMPRENSA	0.042		**Precisão adequada**	9.910

Equação:

LAB (log UFC) = 6,39 × A + 6,18 × B + 6,26 × C

Onde, A = fração de NaCl; B = fração de KCl; C = fração de CaCl2

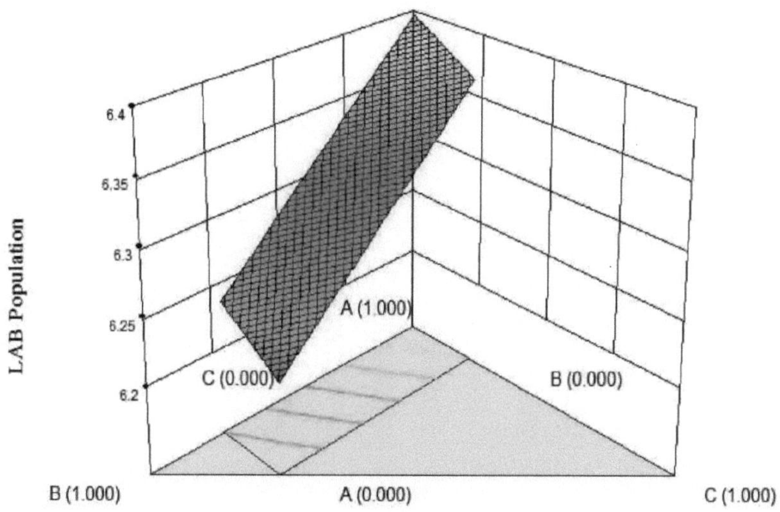

Figura 4.12: Bactérias do ácido lático na amostra final de pickles

A Figura 4.12 mostra que, com um teor mínimo de Ca na amostra de pickles, à medida que o teor de potássio aumenta, a população de bactérias do ácido lático regista um declínio linear. Na concentração máxima de potássio, à medida que o teor de Ca é aumentado, verifica-se outro declínio constante na população de BAL. Na concentração máxima de Ca na solução salina, à medida que o teor de potássio foi aumentado, registou-se um declínio acentuado na população de BAL. Na solução com teor mínimo de K, à medida que o teor de Ca é aumentado até 0,25%, regista-se um declínio linear na população de BAL.

4.7. Contagem total em placas (log UFC) da amostra final de pickles em diferentes execuções

A contagem total em placas (log UFC) utilizando ágar nutriente, como ilustrado na figura 4.13, mostra um valor máximo de 6,397 na corrida n.º 14 e um valor mínimo de 6,316 na corrida n.º 10. Uma população menor de bactérias totais foi encontrada nas corridas em que há uma percentagem considerável de CaCl2 envolvida. Isto pode ser devido à diminuição da atividade da água (aw) nas peças que estavam a ser curadas com uma mistura de sais contendo CaCl2.

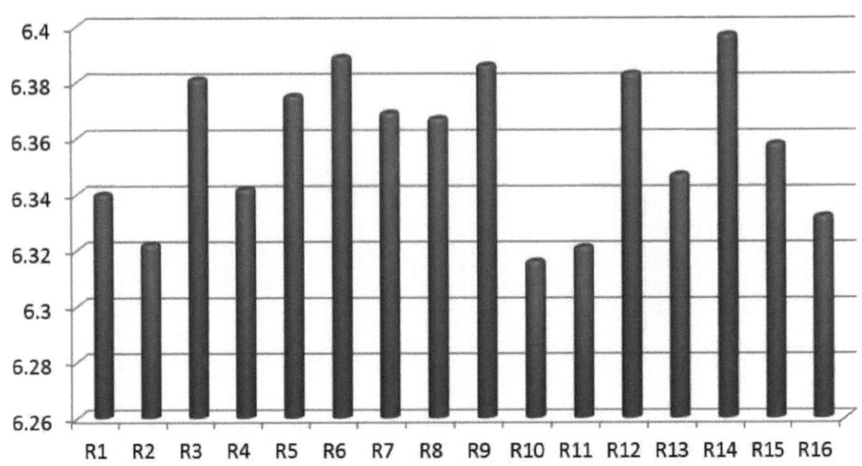

Figura 4.13: Contagem total em placas (log UFC) da amostra final de pickles em diferentes execuções

Quadro 4.8: Análise de variância para a contagem total de placas

Fonte	Soma dos quadrados	df	Coeficiente de estimativa	valor de p
Modelo	0.008	2		<0.0001
Mistura linear	0.008	2		<0.0001
A: NaCl			6.389	
B: KCl			6.382	
C: CaCl2			6.166	
Residual	0.002	13		
Falta de ajuste	0.001	8		0.383
Erro puro	0.001	5		
Total corrigido	0.011	15		
Desvio padrão	0.013		**R^2**	0.788
Média	6.358		**R ajustado^2**	0.755
C.V. %	0.208		**R previsto^2**	0.686
IMPRENSA	0.003		**Precisão adequada**	10.610

A análise de variância para a contagem total de placas no pickle de manga final é apresentada no quadro 4.8. O modelo linear para a contagem total de placas foi considerado significativo a um nível de confiança de 99%. Os efeitos dos componentes lineares da mistura de sal também foram considerados significativos a um nível de confiança de 99%.

O coeficiente de estimativas revela uma influência positiva do NaCl, KCl e CaCl2 na contagem total de placas na amostra de pickles. O coeficiente de estimativas também mostra que o CaCl2 tem um valor ligeiramente mais baixo do que o NaCl e o KCl. Não foi encontrado efeito de interação entre NaCl - KCl, KCl - $CaCl_2$ e CaCl2 - NaCl.

O R^2 ajustado e o R^2 previsto do modelo mostraram uma ligeira diferença e a precisão adequada foi superior a 4, indicando que o modelo desenvolvido através desta experiência pode ser efetivamente utilizado para prever a contagem total de placas da amostra de pickles dentro do espaço do desenho.

Equação: TPC (log UFC) = 6,39 × A + 6,38 × B + 6,17 × C

Onde, A = fração de NaCl; B = fração de KCl; C = fração de CaCl2

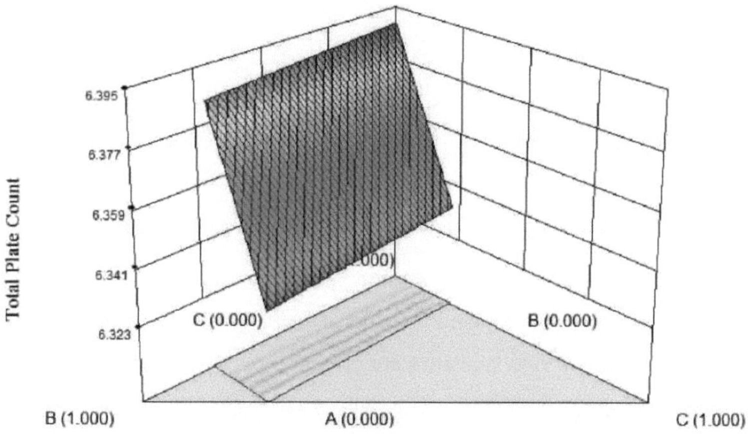

Figura 4.14: Contagem total de placas da amostra final de pickles

Na figura 4.14, com um teor mínimo de cálcio na mistura de sal, à medida que o teor de potássio foi aumentado de 0% para 75%, a contagem total de placas registou um declínio gradual. Com o teor máximo de potássio na mistura de sal, à medida que o teor de cálcio é aumentado, a contagem total de placas apresenta um declínio acentuado. Com o teor máximo de cálcio na mistura de sal, à medida que o potássio é adicionado, verifica-se um declínio linear na contagem total de placas. Com um teor mínimo de K na mistura de sal, à medida que se adiciona cálcio, regista-se um declínio rápido na contagem total de placas.

4.8. Pontuação hedónica da amostra final de pickles em diferentes execuções

A figura 4.15 mostra a pontuação hedónica da amostra final de pickle em diferentes etapas. Mostra que o lote n.º 14 tem a pontuação mais elevada na escala hedónica baseada nas propriedades organolépticas, que é de 7,429, e o lote n.º 1, que tem uma pontuação de 6,552. O valor da tiragem nº 12 e da tiragem nº 14 deve-se à utilização de NaCl2 apenas na mistura de sal para a cura.

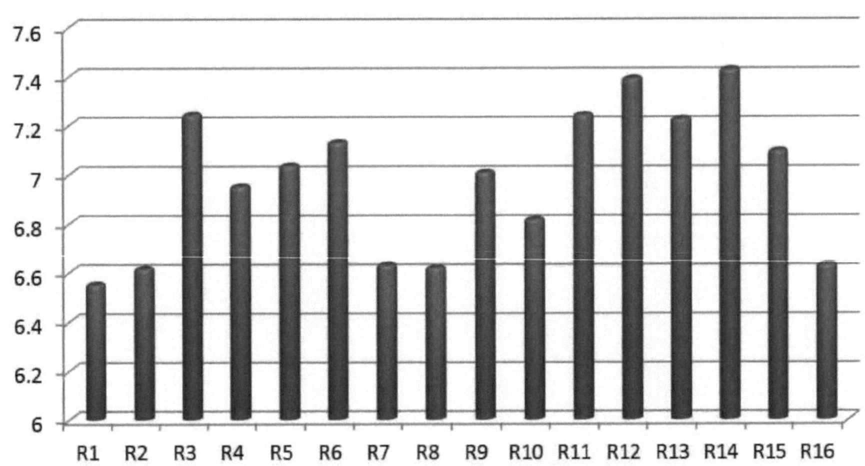

Figura 4.15: Pontuação hedónica da amostra final de pickles em diferentes execuções

A análise de variância para a propriedade organoléptica do pickle é apresentada no quadro -9. O modelo quadrático para a propriedade organoléptica da amostra de pickle foi considerado significativo a um nível de confiança de 99%. Os efeitos dos componentes lineares da mistura de sal também foram considerados significativos a um nível de confiança de 99%.

O coeficiente de estimativa revela uma influência do CaCl2 que é maior. A fração de CaCl2 na mistura de sal afectará negativamente a propriedade organoléptica da amostra de pickles. Isto pode dever-se ao endurecimento dos tecidos e ao endurecimento dos pedaços. Verificou-se que o efeito linear do NaCl e do KCl é positivo, mas menor do que o do CaCl2.

O coeficiente de estimativa revela uma influência positiva do NaCl, do KCl e do CaCl2 nas propriedades organolépticas dos pickles. O coeficiente de estimativa para o CaCl2 foi muito mais elevado do que para o NaCl e o KCl. Este facto deve-se possivelmente a

O efeito da interação NaCl - KCl, NaCl - $CaCl_2$ e KCl - $CaCl_2$ foi considerado não significativo a um nível de confiança de 95% para NaCl-KCl e a um nível de confiança de 99% para a interação NaCl - $CaCl_2$ e

KCl - CaCl2.

O R^2 ajustado e o R^2 previsto do modelo estavam estreitamente ajustados um ao outro e a precisão adequada era superior a 4, o que indica que o modelo desenvolvido através desta experiência pode ser efetivamente utilizado para prever a propriedade organoléptica dos pickles no espaço do desenho.

Quadro 4.9: Análise de variância para as propriedades organolépticas dos pickles

Fonte	**Soma dos quadrados**	**df**	**Coeficiente de Estimativa**	**valor de p**
Modelo	1.309	5		<0.0001
Mistura linear	1.082	2		<0.0001
A: NaCl			7.409	
B: KCl			7.050326	
C: CaCl2			17.87485	
A×B	0.002	1	-5.437	0.3024
A×C	0.159	1	-352.53	< 0.0001
B×C	0.200	1	-363.296	< 0.0001
Residual	0.019	10	-	-
Falta de ajuste	0.011	5	-	0.318
Erro puro	0.007	5	-	-
Total corrigido	1.3328	15	-	-
Desvio padrão	0.044		**R^2**	0.986
Média	6.977		**R ajustado^2**	0.978
C.V. %	0.626		**R previsto^2**	0.961
IMPRENSA	0.052		**Precisão adequada**	31.013

Equação: Organoléptica = 7,41 × A + 7,05 × B + 17,87 × C -0,21376 × A × B - 15,0 × A × C - 16,94 × B × C

em que: A = fração de NaCl; B = fração de KCl; C = fração de CaCl2

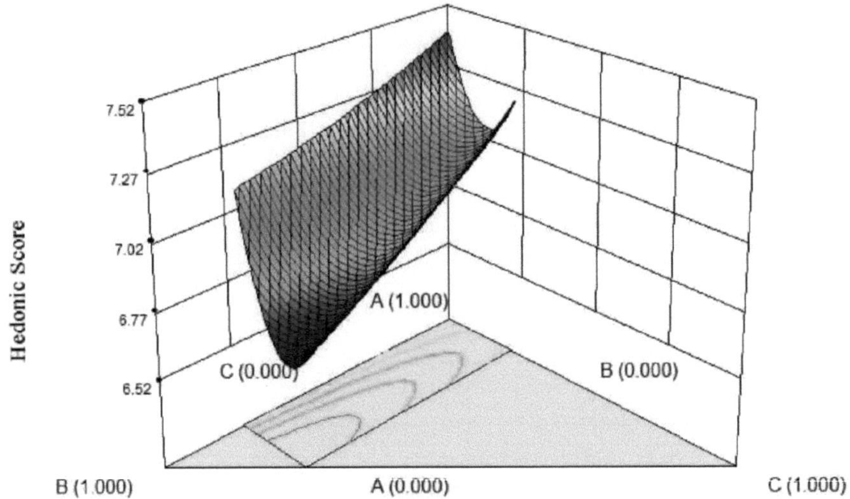

Figura 4.16: Propriedades organolépticas da amostra final de pickles

A Figura 4.16 mostra que, na concentração mínima de Ca na mistura de sal, à medida que o teor de potássio aumenta, a escala hedónica apresenta um declínio linear. Com o teor máximo de potássio na mistura de sal, à medida que o CaCl2 é aumentado, a escala hedónica mostra um declínio quadrático inicialmente, mas mostra um ligeiro aumento na concentração máxima de Ca (0,25%). Na concentração máxima de Ca, à medida que o teor de K é aumentado na mistura de sal, verifica-se um declínio na pontuação hedónica. Com um teor mínimo de K na mistura de sal, à medida que o teor de Ca aumenta do mínimo (0%) para o máximo (0,25%), a pontuação hedónica mostra um declínio quadrático, mas mostra um ligeiro aumento na pontuação hedónica ao nível máximo do teor de Ca.

4.9. Otimização numérica de misturas de sais

As misturas de sal óptimas foram obtidas através de um método de otimização numérica utilizando o software Design Expert 7.1.6. Para este efeito, foram escolhidos critérios de modo a obter um pickle com propriedades sensoriais mais elevadas e com o objetivo de reduzir o teor de sódio na mistura de sal. As diferentes restrições utilizadas são apresentadas na tabela 4.10.

Tabela 4.10: Restrições para a otimização numérica da mistura de sal

	Nome	Objetivo	Limite inferior	Limite superior	Peso inferior	Peso superior	Importância

Componentes da mistura	NaCl	minimizar	0.5	1	1	1	5
	KCl	no intervalo	0	0.75	1	1	3
	$CaCl_2$	minimizar	0	0.25	1	1	3
Variáveis de resposta	Capacidade de extração de água	maximizar	58.364	102.692	1	1	3
	Dureza da amostra curada	minimizar	6.998	8.471	1	1	3
	Atividade aquática	minimizar	0.968	0.974	1	1	3
	Concentração de Na	minimizar	68.715	408.715	1	1	3
	Concentração de K	no intervalo	28.744	475.121	1	1	3
	LAB População	maximizar	6.151	6.452	1	1	3
	Contagem total de placas	no intervalo	6.316	6.397	1	1	3
	Pontuação hedónica	maximizar	6.552	7.428	1	1	3

A partir da tabela 4.10, podemos dizer que, nos componentes da mistura, o objetivo é reduzir o NaCl de modo a que o limite máximo da fração seja 1 e o limite mínimo da fração seja 0,5, tendo sido atribuída uma importância de 5. O KCl deve ser mantido no intervalo entre o limite inferior 0 e o limite superior 0,75, com uma importância de 3. O CaCl2 deve ser mantido no intervalo entre o limite inferior 0 e o limite superior 0,25, com uma importância de 3. Para variáveis de resposta como a capacidade de extração de água, o objetivo é maximizar o valor com um limite inferior de 58.364 e o limite máximo de 102,692, com uma importância de 3. Para a dureza da amostra curada, o objetivo é minimizar o valor com um limite inferior de 6,998 e um limite superior de 8,471, com uma importância de 3. Para minimizar a atividade da água, os limites superior e inferior são fixados em 0,968 e 0,974, respetivamente, com uma importância de 3. Para minimizar a concentração de sódio, os limites superior e inferior são fixados em 68,715 e 408,715, respetivamente, com uma importância de 3. Com o objetivo de manter a concentração de potássio dentro dos limites, os limites superior e inferior são fixados em 628,744 e 475,121, respetivamente, com uma importância de 3. Para maximizar a população de BAL, os limites superior e inferior são fixados em 6.151 e 6,452, respetivamente, com uma importância de 3. Para manter a contagem total de placas dentro do intervalo, os limites superior e inferior são fixados em 6,316 e 6,397, respetivamente, com uma importância de 3. Para maximizar a pontuação hedónica, os limites superior e inferior são fixados em 6,552 e 7,428, respetivamente, com uma importância de 3.

Tabela 4.11: Otimização da mistura de sal com valores previstos da variável de resposta e da constante de desejabilidade

Não.	NaCl	KCl	CaCl2	Capacidade de extração de água	Dureza da amostra curada	Atividade aquática	Concentração de Na	Concentração de K	LAB População	TotalPlate Contagem	Pontuação hedónica	Desejabilidade
1	0.500	0.500	0.000	100.249	7.919	0.972	121.404	257.237	6.289	6.386	7.176	0.658 (selecionado)
2	0.571	0.429	0.000	99.363	7.856	0.973	140.762	208.679	6.304	6.386	7.203	0.640
3	0.500	0.314	0.186	82.565	7.303	0.973	166.063	137.329	6.304	6.346	6.826	0.496
4	0.624	0.188	0.188	81.193	7.349	0.973	210.842	83.984	6.331	6.346	6.927	0.482
5	0.815	0.000	0.185	78.538	7.466	0.972	297.311	35.917	6.371	6.348	7.084	0.425

Tendo em conta as restrições acima referidas, foi obtida uma otimização da mistura de sal com valores previstos da variável de resposta e da constante de desejabilidade. Os dados assim obtidos são gerados por software e estão ilustrados na tabela 4.11. Observou-se que a formulação com 0,5 fracções de NaCl e 0,5 fracções de KCl tinha a desejabilidade máxima de 0,658. Outra formulação com NaCl 57,1% e KCl com 42,9% está a ter uma desejabilidade de 0,64. Esta formulação também pode ser adoptada para efeitos de comercialização.

RESUMO E CONCLUSÃO

A manga é um fruto sazonal, pelo que uma parte considerável dos frutos é transformada em vários produtos. O pickle é um dos mais antigos produtos conservados, feito a partir de manga não madura. Os pickles são fabricados através da fermentação natural de frutos e legumes e, para além do seu valor nutricional, funcionam também como acompanhamentos alimentares e melhoradores do paladar (Joshi e Bhat, 2000; Savitri e Bhalla, 2007). O processo de decapagem envolve a fermentação, que é um método de conservação primitivo utilizado principalmente para permitir o armazenamento de alimentos a longo prazo. A fermentação é um processo de decomposição lenta de substâncias orgânicas induzido por microrganismos ou enzimas que convertem essencialmente hidratos de carbono em álcoois ou ácidos orgânicos (FAO, 1998). Das várias abordagens à fermentação, a fermentação do ácido lático, utilizando microflora natural ou culturas de bactérias do ácido lático (LAB), é utilizada em todo o mundo. O sal é uma parte indispensável do nosso hábito alimentar. Os sais não só melhoram o sabor, como também têm um papel importante na nutrição humana. A decapagem é efectuada na presença de uma solução salina de elevada concentração, na qual os pedaços de fruta são mergulhados para garantir a fermentação. Os pickles contêm cerca de 15-20% de sal, o que os torna um dos alimentos com maior teor de sal.

O maior inconveniente dos pickles é a presença de uma elevada concentração de ião sódio (Na^+), que pode ter efeitos adversos na saúde humana e na indústria alimentar. A ingestão adicional de sódio presente no sal pode levar a doenças como a hipertensão e a pressão arterial elevada. A substituição parcial do NaCl por KCl ou $CaCl_2$ parece constituir uma alternativa para reduzir o teor de sódio. A diminuição da ingestão de sódio protege contra acidentes vasculares cerebrais, hipertensão arterial, problemas de ritmo cardíaco, insuficiência renal e até osteoporose (Hall, 2003). Este trabalho foi realizado para otimizar os componentes da mistura de sal para pickles de manga com baixo teor de sódio sem afetar as suas qualidades físico-químicas, bioquímicas, microbiológicas e sensoriais.

Para atingir os objectivos, foram estudadas as respostas como a capacidade de extração de água (g/100g de sal), a dureza da amostra curada (N), a atividade da água, a concentração de sódio e potássio nos pickles (em ppm), a população de BAL (log UFC), a contagem total de placas (log UFC) e as propriedades organolépticas com base na escala hedónica. Foi adotado um projeto de mistura quadrática D-Optimal utilizando a metodologia da superfície de resposta com 3 componentes de mistura. A partir deste projeto, foram formuladas 16 execuções e preparadas as amostras de pickles, que foram avaliadas de acordo com as respostas.

O resultado mostra que a capacidade de extração de água (g/100g de mistura de sal) foi o valor máximo de 102,692 na corrida 6th e o valor mínimo de 58,364 na corrida 2nd. A dureza da amostra curada (em N) foi de 8,470 no ensaio 11th e de 6,998 no ensaio 9th. A atividade da água foi máxima na corrida 9th que é 0,974 e mínima de 0,968 na corrida 2nd. No entanto, a corrida 12th com uma leitura de 0,973 e a corrida 14th com uma leitura de 0,972 também apresentaram uma atividade da água mais elevada. A concentração de Na na amostra final de pickle (em ppm) foi mais elevada na corrida 14th, que é de 408,715, e mais elevada na corrida 12th, que é de 397,946. A concentração de Na na amostra final de pickle (em ppm) foi a mais baixa em 2nd (68,715) e a mais baixa em 1st (70,408), respetivamente. A concentração de K na amostra final de pickle (em ppm) foi máxima na corrida 6th que é 472,222, na corrida 1st que é 469,324 e na corrida 2nd que é 466,425, respetivamente. A concentração de K na amostra final de picles (em ppm) foi mínima em 9th que é 28,744, 14th que é 31,643 e 12th que é 37,440. A contagem de bactérias do ácido lático em log UFC foi máxima em 14th e 12th, com 6,452 e 6,432, respetivamente. A contagem de bactérias do ácido lático em log UFC foi mínima na corrida 6th, com um valor de 6,151. A contagem total de placas (log UFC) foi máxima na resposta 14th, com um valor de 6,397, e mínima nas respostas 10th e 11th, com valores de 6,316 e 6,321, respetivamente. Quando se avaliaram as propriedades organolépticas com base na escala hedónica, verificou-se que as tiragens 14 e 12 têm uma pontuação máxima de 7,429 e 7,393, respetivamente, enquanto as tiragens 1 e 2 têm uma pontuação mínima de 6,552 e 6,616, respetivamente.

Através da otimização numérica, conclui-se que uma mistura de sal com 50% de NaCl e 50% de KCl pode ser utilizada como mistura de sal para a cura de pickles de manga com uma constante de desejabilidade de 0,658. No entanto, uma mistura de sal com 51,7% de NaCl e 42,9% de KCl também pode ser utilizada como mistura de sal para a cura de pickles de manga com uma constante de desejabilidade razoavelmente comparável de 0,64.

ÂMBITO FUTURO DA INVESTIGAÇÃO

A ciência e a tecnologia são dinâmicas e precisam de ser actualizadas e melhoradas em todos os segmentos. Os cientistas nunca estão satisfeitos com o que já foi alcançado. Procuram sempre novas ideias para melhorar e fazer avançar a ciência. No meu atual tópico de estudo, existem amplas possibilidades de investigação e desenvolvimento de alimentos com baixo teor de sódio. Existe um mercado potencial para alimentos com baixo teor de sódio. Abaixo estão mencionados vários aspectos relacionados com o meu trabalho, nos quais podem ser realizados mais estudos

1. Possibilidade de redução do sódio através da incorporação de ervas naturais que aumentam o sal nos alimentos com elevado teor de sódio, incluindo os pickles.

2. É necessário efetuar estudos elaborados sobre o armazenamento de pickles de manga com substituição de sódio.

3. O efeito da substituição do NaCl no crescimento e na atividade das bactérias do ácido lático e de outros micróbios tem de ser estudado em profundidade.

4. A melhoria das propriedades sensoriais dos pickles com substituição de sódio continua a ser uma possibilidade que pode ser aproveitada.

5. É necessário realizar estudos em animais sobre o efeito metabólico de níveis elevados de iões de potássio para garantir a segurança destes produtos alimentares.

BIBLIOGRAFIA

A.O.A.C. (2000) Official Methods of Analysis. Association of Official Analytical Chemists, Gathersburg, Maryland, EUA. 17th edition.

Akbudak B., Ozer M.H., Uylaser V., Karaman B. (2007). O efeito do baixo teor de oxigénio e do elevado teor de dióxido de carbono no armazenamento e na produção de pickles de pepinos em conserva cv. Octobus. *Journal of Food Engineering*. **78**: 1034-1046

Alfio S., Selina B., Serena M., Agata M., Paolo R., Biagio F. e Elena A. (2015). Estudo sobre a substituição parcial de NaCl em pão de trigo duro com KCl e extrato de levedura. *Tecnologia de Bioprocessos Alimentares*. **8**:1089-1101.

Anand J. C. e Dass L. (1971). Efeito dos condimentos na fermentação do ácido lático em pickles de nabo doce. *Journal of Food Science & Technology* (Mysore). **8**: 143-45.

Anand, J.C. e Johar, D.S., (1957). Efeito dos condimentos no controlo de *Aspergillus niger* em pickles de manga. *Journal of Science and Industrial Research*. **16:** 370-374.

Angee H., Jae W. P. e Deborah R. (2014), Otimização da redução de sódio utilizando várias misturas de sal inteligentes, Reunião Anual do IFT, 21 a 24 de junho de 2014, Nova Orleães, LA, EUA.

Anónimo, FAO, (1997). *Frutas e legumes fermentados*. Uma perspetiva global: Bacterial fermentations. FAO, Publicações, Roma.

Ayyash, M. M., Sherkat, F. e Shah, N. P. (2012). Impacto da substituição de NaCl por KCl nas actividades de proteinase extrato livre de células e sobrenadante livre de células. *Journal of Food Science*, 2012. **77**(8). M490-M498.

Bansal S. e Rani S. (2014). Estudos sobre a substituição de cloreto de sódio por cloreto de potássio em pickles de limão, *Asian Journal Dairy & Food* Research. **33** (1): 32 - 36.

Barbosa P.T., Santos C.V., Ferreira C.S., Silva F. Araujo B.S. (2016). Propriedades físico-químicas de kafta caprina com baixo teor de sódio. *Ciência e Tecnologia de Alimentos*. **76(B)**: 314-319.

Benard O. Oloo, Shitandi A., Mahungu S., Malinga J. B., (2013). Efeitos da fermentação do ácido lático no perfil sensorial da batata-doce com polpa de laranja. *Jornal de Ciências da Alimentação e Nutrição*. **1**(1), 13-17.

Bhagwati, S. e Deka, B. C., (2004). Seleção de espécies de bambu para a preparação de pickles, *Indian Food Packer*. 49-53.

Borg A. F., Etchells J. L., e Bell T. A., (***1972***). Exame microbiano de sais solares, de rocha e granulados e o efeito destes sais no crescimento de certas espécies de bactérias do ácido lático. *Ciências dos Embaladores de Pickles*. **2**(1): ***ll-16.***

Brady M., (2002). Sodium survey of the usage and functionality of salt as an ingredient in UK manufactured food products. *British Food Journal*. **104**: 84-125.

Buescher R. W. e Burgin C (1988). Efeito do cloreto de cálcio e do alúmen na fermentação, dessalinização e retenção da firmeza dos pickles de pepino. *Journal of Food Science*. **53**: 29697.

Cagno R. Di, Coda R, Angelis M., e Gobbetti M., (2010). Exploração de vegetais e frutas através da fermentação do ácido lático. *Food Microbiology*. **33**(1): 1-10.

Chakrabarty T. K., Dwarkanath, K. R. & Bhatia B. S., (1970). Estudos sobre a desidratação de pickles. *Indian Food Packer*. (**1**): 5-8.

Chawla P, Ghai S. e Sandhu K.S. (2005). Estudos sobre as caraterísticas nutricionais e organolépticas dos pickles de cenoura durante o armazenamento. *Journal of Food Science and Technology*. **42**: 358-60.

Coelho L. F., Lima C. J. B. de, Rodovalho C. M., Bernardo M. P. e Contiero J. (2011). Otimização da composição do meio para produção de ácido lático por novo *lactobacillus plantarum* cultivado em melaço. *Revista Brasileira de Engenharia Química*. **28**(1): 27 - 36,

Costilow R N, Gates K e Bedford C L (1981) Air purging of commercial salt-stock pickle fermentation. *Journal of Food Science,* **46**: 278-82.

Costilow R. N. e Uebersax M. (1982). Efeitos de vários tratamentos na qualidade dos pickles de caldo salgado provenientes de fermentações comerciais purgadas com ar. *Journal of Food Science*. **47**: 1866-68

Desai, P. e Sheth, T., (1997), Controlled fermentation of vegetables using mixed inoculums of lactic culture. *Journal of Food Science Technology*. **34**(2): 155- 158.

De-Wardener, H. E., He, F. J., & MacGregor, G. A. (2004). Plasma sodium and hypertension (sódio plasmático e hipertensão). *Kidney International, **66***, 2454-2466.

Doyle, M. E. (2008). *A redução do sódio e os seus efeitos na segurança alimentar.* Retirado do sítio Web do Instituto de Investigação Alimentar da Universidade de Wisconsin-Madison:

http://fri.wisc.edu/docs/pdf/FRI_Brief_Sodium_Reduction_11_08.pdf.

Dwivedi, S. K., Attrey, D. P. e Kareem, A. (2002). Gestão pós-colheita do espinheiro marítimo (*Hippophal* sp.) em regiões frias e de Ladakh. In; Proceedings of National Workship on Post Harvest Management of Horticultural Produce, Chandigarh on Feb. 7-8.

Emorine M, Septier C, Thomas-Danguin T, e Salles C. (2014). O tamanho das partículas de presunto influencia a perceção de salinidade em flans. *Journal of Food Science*. 79(4):S693-S706.

Etchells J. L. And Jones I. D. (1942), Mortality of microorganisms during pasteurization of cucumber pickle, *The Fruit Products Journal*. New York, N. Y., julho de 1942, **22**(13): 237-244.

Etchells J. L. e Ohmer H. B., (1941), An occurrence of bloaters during the finishing of sweet pickle. Reimpresso de *The Fruit Products Journal*, Nova Iorque, N. Y., julho de 1941 **20**(11): 334337.

Evangelos K., Marina M., Kostas S., Arhontoula C. e Athan L. (2013). Efeitos de qualidade em azeitonas de mesa substituindo NaCl por KCl, Reunião Anual do IFT, 13 a 16 de julho de 2013, Chicago Illinois, EUA.

FAO, *Fermented Fruits and Vegetables-A Global Perspective*, vol.134, FAO Agricultural Services Bulletin, Roma, Itália, 1998.

Feltrin A. C., De Souza V. R., Saraiva C. G., Nunes C. A. e Pinheiro A. M. (2015). Estudo sensorial de diferentes substitutos do cloreto de sódio em solução aquosa. *International Journal of Food Science and Technology*. 2015, **50**:730-735.

Fleming H. P., Humphries E. G., Thompson R. L. e McFeeters R. F. (2002). Estabilidade de armazenamento de pepinos fermentados prontos para o processo. *Pickle Packers Sciences*, novembro de 2002. **8**(1):14- 19.

Fleming H. P., Mcdonald L. C., Mcfeeters R. F., Thompson R. L., e Humphries E. G. (1995). Fermentação de pepinos sem cloreto de sódio. *Journal of food science*. **60**(2): 312-319.

Fleming H. P., Thompson R. L., e Mcfeeters R. F. (1993). Retenção de firmeza em pimentos em conserva afetada pelo cloreto de cálcio, ácido acético e pasteurização. *Journal of Food Science*. 58(2):325-331.

Fleming, H. P., McFeeters, R. F., e Thompson, R. L. (1987). Efeitos da concentração de cloreto de sódio na retenção de firmeza de pepinos fermentados e armazenados com cloreto de cálcio. *Journal of Food* Science. **52**: 653-657.

Frazier, W. C. e Westhoff, D. C. (1998). Food Microbiology. 7ª edição. Tata Mcgraw Hill Publication Co., Nova Deli.

Galvao M. L., Moura D. B., Barretto A. S., Pollonio M. R. (2014). Presunto de peru com teor reduzido de sódio. *Revista de Ciência e Tecnologia de Alimentos Campinas*. **34**(1): 189-194.

Garcia K. M. e Jones A. (2009). Otimização da aceitação sensorial de caldos de legumes contendo cloreto de potássio como substituto do sal. Reunião Anual do IFT, 6-9 de junho, 56-62.

Geeta, T. e Jamuna P., (2006). Quality characteristics of lime pickles prepared using different salts, *The Indian Journal Nutrition and Diet*. **43**: 103-111.

Gillette, M., (1985). Efeitos de sabor do cloreto de sódio. *Journal of Food Technology*. **39**:47-52.

Guillou A. A., Floros J. D. e Cousin M. A. (1992). O cloreto de cálcio e o sorbato de potássio reduzem o cloreto de sódio utilizado durante a fermentação e armazenamento natural do pepino. *Journal of Food Sciences*. **57**: 1364-68.

Gupta, G. K., (1998). Normalização das concentrações de aditivos para o desenvolvimento e processamento de pickles de manga sem óleo. *Indian Food Packer*. 15-17.

Hall, J. E. (2003), The kidney, hypertension, and obesity. Hypertension. **41**:625-633.

Haware S. K. e Rao B. Y. (1979). Pickles de Karonda (*Carissa carandas*) em óleo. *Indian Food Packer*. **33**: 25-30.

Hiraga K., Ueno Y., Sukontasing S., Tanasupawat S. e Oda K. (2008). *Lactobacillus senmaizukei* isolado de pickles japoneses. *International Journal of Systematic and Evolutionary Microbiology*, (2008). **58**:1625-1629.

Holzapfel W. H., Haberer P., Snel J., Schillinger U., Huis in't Veld J.H.J. (1998). Overview of gut flora and probiotics (Visão geral da flora intestinal e probióticos). *International Journal Food Microbiology*. **41**: 85-101.

Hudson, J. M. e Buescher, R. W. (1985). Substâncias pécticas e firmeza dos pickles de pepino influenciadas pelo armazenamento em CaCl2, NaCl e salmoura. *Journal of Food Biochemistry*. **9**: 211215.

Hunt C. D. e Johnson L. K. (2016). Requisitos de cálcio: novas estimativas para homens e mulheres através de análises estatísticas transversais de dados de equilíbrio de cálcio de estudos metabólicos. *The American Journal of Clinical Nutrition*, 2007. **86**:1054-1063

Huynh H. L, Danhi R, e Yan S. W. (2016). Molho de peixe como substituto do cloreto de sódio em molhos culinários. *Journal of Food Science*. 2016 Jan; **81**(1):S150-155.

Hystead E., Diez-Gonzalez F. e Schoenfuss T. C. (2013). Redução de sódio com e sem cloreto de potássio na sobrevivência de *Listeria monocytogenes* em queijo cheddar. Journal of Dairy Sciences. 2013 Oct; **96**(10):6172-85.

Jamshidi, A; Kazerani, H.R.; Seifi, H.A. e Moghaddas, E. (2008). Limites de crescimento de *Staphylococcus aureus* em função da temperatura, ácido acético, concentração de NaCl e nível de inóculo. Iranian Journal Veterinary Research. **9**:353-359.

Jha, S. N., Narsaiah, K., Sharma, A. D., Singh, M., Bansal, S. e Kumar, R., (2010). Parâmetros de qualidade da manga e potencial de técnicas não destrutivas para a sua medição - uma revisão. Journal of Food Science and Technology, **47**(1): 1-14.

Jing Z. e James R. C. (2013). Influência da substituição parcial ou total do cloreto de sódio por misturas de cloreto de potássio na extração de proteínas e na qualidade da carne de enchidos cozinhados. Reunião Anual do IFT 2013, 13 a 16 de julho de 2013, 159-164.

Johanningsmeier S. D., Franco W., Perez-Diaz I, e McFeeters R. F. (2012). LAB na deterioração do pepino fermentado. *Journal of Food Science*. **77**(7), 2012, M397-M404.

Johar D. S. e Anand J. C. (1956). Natureza e prevenção da deterioração da conserva de amla. *Indian Food Packer.* **11**: 9-12.

Jones, L.V., Peryam, D.R., e Thurstone, L.L. 1955. Desenvolvimento de uma escala para medir as preferências alimentares dos soldados. *Journal of Food Research*. **20**: 512-520.

Joshi V. K. e Sharma S. (***2008***). **Fermentação de ácido lático de rabanete para estabilidade de prateleira e decapagem.** *Natural Product Radiance*. **8**(1): 19-24.

Joshi V. K. e Sharma S. (2009) Lactic acid fermentation of radish for shelf-stability and pickling. *Natural Product Radiance.* **8**: 19-24.

Joshi, V. K. e Thakur, S. 2000. Bebidas fermentadas com ácido lático. In: Postharvest Technology of Fruits and Vegetables, Verma, L.R. e Joshi, V.K. (eds.), Vol. II. Indus Publication Cooperation, Nova Deli. **2**: 1102-1107.

Juhanz R. M, Molner E. e Deak T. (1974). Experiências sobre a decapagem de legumes por inoculação com cultura pura de bactérias do ácido lático. Konzerv-es Paprikaipar, edição especial, 56-65 (de *FSTA*, 7: 1901)

Kamdee S., Plengvidhya V. e Chokesajjawatee N. (2014). Alterações na diversidade de bactérias do ácido lático durante a fermentação de mostarda verde em conserva azeda. KKU Research Journal.

2014; 19(Supplement Issue): 26-33.

Kamleh R., Olabi A., Toufeili I., Daroub H., Younis T. e Ajib R. (2012). O efeito da substituição parcial de NaCl por KCl nas propriedades físico-químicas, microbiológicas e sensoriais do Queijo Akkawi. Reunião Anual do IFT, 141-146.

Kanekar P, Sarnaik S, Joshi N, Pradhan L e Godbole A. (1989); Role of salt, oil and native acidity in the preservation of mango pickle against microbial spoilage. *Journal of Food Sciences and Technology.* **26**: 1-3.

Karagozlu, C., Kinik, O. e Akbulut, N., (2008). Efeitos da substituição total e parcial de NaCl por KCl nas propriedades físico-químicas e sensoriais do queijo branco em conserva. *Jornal Internacional de Ciências Alimentares e Nutrição.* **59**(3):181-191.

Karovicova J. e Kohajdova Z., Sumos de vegetais fermentados com ácido lático. *Horticultural Science.* **30**: 152-158.

Kennet M. C., Zhimin X., Boeneke C. e Witoon P. (2015). Caraterísticas de qualidade selecionadas do queijo cheddar com baixo teor de sódio, afetadas por KCl e Glycine. *Jornal de tecnologia alimentar,* 41-47.

Kesteloot, H., & Joossens, J. V. (1988). Relationship of dietary sodium, potassium, calcium, and magnesium with blood pressure, *hypertension. Electrólitos dietéticos e* pressão *arterial. 12**(6): 594-599.***

Khan, S. H., Muhammad, F., Idrees, M., Shafique, M., Hussain, I. e Farooqi, M. H., (2005).

Alguns estudos sobre fungos de deterioração de pickles. *Revista de Ciências Agrárias.* **1**(1):14-15.

Kumar P., Yadav P.K. and Choudhary M.L (2008), Microorganisms associated with brine pickle of lasora. *Progressive Agriculture.* 2008, **8**(1), 19-20.

Kumar S. e Basu S. (2001). Preparação de pickles de camarão e suas caraterísticas de conservação. *Journal of the Indian Fisheries Association.* **28**: 105-111.

Kumari A., Kalia M. e Kumari S. (1993). Estudos sobre a avaliação química e organoléptica da couve e do seu produto "chucrute". *Indian Food Packer.* **47**: 11-14.

Luh P. T., Darmayanti L., Duwipayana A. A., Putra I. K. e Antara N. S. (2014). Estudo de picles fermentados de broto de bambu *Tabah. Revista Internacional de Engenharia Biológica, Biomolecular, Agrícola, Alimentar e Biotecnológica.* **8**(10), 76-79.

Marchetti, L., Andrés, S. C. e Califano, A. N., (2016). Alterações físico-químicas, microbiológicas e oxidativas durante o armazenamento refrigerado de salsichas de carne cozida enriquecidas com PUFA n-3 com substituição parcial de NaCl. *Journal of Food Processing and Preservation.* doi:10.1111/jfpp.12920.

Maruvada R. e McFeeters R. F. (2009). **Avaliação do amolecimento enzimático e não enzimático em fermentações de pepino com baixo teor de sal.** ***Jornal Internacional de Ciência e Tecnologia Alimentar, 2009. 44:1108-1117.***

Mcfeeters R.F. e Fleming H.P. (1996). Equilíbrio da composição macro-mineral dos pickles de pepino frescos para melhorar a qualidade nutricional e manter o sabor. *Journal of Food Quality*. **9**(2): 81-89.

McFeeters, R. F., Senterh, M. M., e Fleming, P. 1989. Efeitos de amolecimento de catiões monovalentes em tecido de mesocarpo de pepino acidificado. *Journal of Food Science.* **54**: 366-371.

Meneton, P., Jeunemaitre, X., De Wardener, H. E., & MacGregor, G.A. (2005). Links between dietary salt intake, renal salt handling, blood pressure, and cardiovascular diseases. *Physiological Reviews.* ***85***:679-715.

Ministério das Indústrias de Transformação Alimentar. Relatório Anual. MOFPI: 2011-2012.

Moghazy, E. A. (2002). Caraterísticas dos hambúrgueres de carne de bovino com sal reduzido afectadas pela redução e substituição de Na. *Egyptian Journal of Agricultural Researc h*. **80**(2): 787-802.

Mohanty R. C. e Chand P. K., Eds., (2005). Departamento de Botânica e Microbiologia, Universidade de Utkal, Bhubabneswar, Orissa, 2005, 47-54.

Moreno-Baquero J. M., Bautista-Gallego J., Garrido-Fernàndez A. e López-López A. (2013). Perfil mineral e sensorial de azeitonas rachadas temperadas embaladas em diversas misturas de sal. *Journal of Food Chemistry.* **138**: 1-8.

Mueller E., Koehler P., Scherf K. A., (2016), Aplicabilidade de estratégias de redução de sal em crosta de pizza, *Food Chemistry.* 2016 Feb 1;192:1116-23. doi: 10.1016/Journal *of food chemistry* .2015.07.066. Epub 2015 Jul 17.

Muzaddadi A. U. e Mahanta P. (2013). Efeitos do sal, açúcar e cultura inicial na fermentação e propriedades sensoriais em *Shidal. Jornal Africano de Investigação em Microbiologia*. **7**(13): 1086-1097,

N. Demir, K. S. Bahcj eci C., e Acar J., "The effects of different initial *Lactobacillus plantarum* concentrations on some properties of fermented carrot juice," *Journal of Food Processing and Preservation,* **30**(3): 352-363.

Narayana, C. K. e Maini, S. B., (1996).Changes in chemical composition of sweet pickle of turnip as affected by different types of containers, *Indian Food Packer,* **7**: 23-24

Base de dados do National Health and Nutrition Examination Survey (NHANES),

www.cdc.gov/nchs/nhanes.htm

Oloo B. O., Anakalo S., Symon M. e Barasa M. J. (2013). Fermentação do ácido lático no perfil sensorial da batata-doce de polpa alaranjada. *Jornal de Ciências da Alimentação e Nutrição.* 2013; **1**(1): 13-17.

Ostchega, Y., Carrol, M., Prineas, R. J., McDowell, M. A., & Louis, T. (2009). Tendências da pressão arterial elevada entre as crianças. *American Journal of Hypertension.* ***22***(1), 59-67.

Panda S. H., Parmanik M., Sharma P., Panda S., e Ray R. C., "Microorganisms in food biotechnology: present and future scenario," in *Microbes in Our Lives,*

Pandey A., Singh A., Garg P. e Raja R. B. (2011). Novo método para produzir pickles de limão indiano de baixa salinidade e mais saudáveis. *Anuários de Investigação Biológica*. **2**(1) :187-194

Patel P. V., Patel J. B. e Lee E. J. (2013). Efeito do cloreto de potássio como substituto do sal nas qualidades do queijo processado. *Journal of Student Research.* **2**(3), 313-329

Pederson, C. S. (1971). Microbiology of Food Fermentation. AVI Publishing Co. Inc., Westport, CT. pp. 108-152.

Pereira H. C., De Souza V. R., Azevedo N. C., Rodrigues D. M., Nunes C. A. e Pinheiro A. C. M. (2015). Otimização de mistura de sais com baixo teor de sódio para batata palha. *Journal of Food Science.* **0**(0), 2015, 51-55.

Perez-Diaz I. M., Kelling R. E., Hale S., Breidt F. e McFeeters R. F. (2007). Lactobacilos e tartrazina como agentes causadores da deterioração da cor vermelha em produtos de picles de pepino. *Journal of Food Science.* **72**: M240-M245.

Perisic, N., Afseth, N. K., Ofstad, R., Scheel, J. e Kohler, A. (2013). Imagens FTIR para análise estrutural de salsichas Frankfurter sujeitas a redução e substituição de sal. *Jornal de Química Agrícola e Alimentar,* 2013. **61**(13): 3219-3228

Peryam, D. R. e Girardot, N. F., (1952). Advanced taste test method, *Journal of Food Engineering*, **24**, 58-61.

Peryam, D. R. e Pilgrim, F. J. (1957). Método da escala hedónica para medir as preferências alimentares. *Journal of Food Technology* (setembro de 1957). **14**: 9-14.

Pradhan, L., Kanekar, P. e Godbole, S.H., 1985. Microbiology of spoiled mango pickles tolerance to salt, acidity and oil of the microbes isolated from spoiled mango pickles. *Journal of Food Science and Technology.* **22**: 339- 341.

Prado F. C., Parada J. L., Pandey A., e Soccol C. R., (2014). Tendências em bebidas probióticas não lácteas. *Food Research International*. **41**(2): 111-123.

Pranay K., Patel V., Patel J. B. e Lee E. J. (2015). Efeito do cloreto de potássio como substituto do sal nas qualidades do queijo processado. *Journal of Student Research,* **11**(4): 314-319.

Premi B. R, Sethi V. e Maini S. B. (1999). Efeito da conservação por maceração na qualidade dos frutos de aonla (*Emblica officinalis* Gaertn.) durante o armazenamento. *Journal of Food Science and Technology.* **36**: 244-247.

Premi B. R., Sethi V. e Bisaria G (2002). Preparação de pickles instantâneos sem óleo a partir de aonla, *Indian Food packer*. **56**, 72-75.

Pruthi, J. S. e Bedekar, S. V., (1963). Studies on varietal trials in salting or brining of raw mango slices for subsequent use in chutney and pickle manufacture, *The Punjab Horticultural Journal,* **3**(2): 264-271.

Pundir R. K. e Jain P. (2010). Change in microflora of sauerkraut during fermentation and storage (Mudança na microflora do chucrute durante a fermentação e o armazenamento). *World Journal of Dairy & Food Sciences.* **5**(2): 221-225.

Ranganna, S., (1977). Manual of Analysis of Fruits and Vegetable products. Tata McGraw-Hill.

Rani U., Rao R., Bai G., e Nagaraja, K.V., 1992, Studies on quality standards of Indian commercial pickle, *Indian Food Packer, **28**(7): 27-33.*

Rao M. S. S., Soumithri T. C., Johar D. S. e Subrahmanyan V. (1963). Estudos sobre pickles em salmoura - parte III: Emulsão conservante para pickles. *Journal of Food Science.* ***12***: 381-86.

Rao N. G., Rao P., Balaswamy P., e Rao, D.G. (2011). Preparação de uma mistura instantânea de pickles de tomate e avaliação da sua estabilidade de armazenamento. *Jornal Internacional de Investigação Alimentar.* ***18***: 589-593.

Reddy H. e Chikkasubbanna V. (2010), *The Asian Journal of Horticulture*. (dezembro, 2009 a maio, 2010). ***4***(2): 271-274.

Reddy, K.A. e Marth, E.H., (1991). Reduzir o teor de sódio dos alimentos: uma revisão. *Journal of Food Products*. ***54***, 138-150.

Reina L. D., Breidt F., Fleming H. P. e Kathariou S. (2005). Isolamento e seleção de bactérias do ácido lático como agente de biocontrolo para pickles refrigerados não acidificados. *Journal of Food Science*. ***70***: M7-M11.

Sastry M. V. e Krishnamurthy N. (1974). Estudos sobre os pickles indianos-I. Preparação e armazenamento de pickles de manga. *Indian Food Packer*. ***28***(1): 32-44.

Sastry M. V. e Siddappa G. S. (1959). Alterações nos teores de ácido ascórbico e tanino durante a preparação da conserva de amla (*Phyllanthus emblica*). *Journal of Food Science*. ***8***: 12-14.

Sastry M. V., Krishnamurthy N. e Habibunnisa S. (1975). Estudos sobre os pickles indianos - parte III. Variações físico-químicas durante o crescimento de mangas (variedade *Amlet*) e estudos de armazenamento de pickles a partir delas. *Indian Food Packer*. ***29***: 39-54.

Sastry, M. V. e Krishnamurthy, N., (1975). Estudos sobre os pickles indianos - Parte IV. Variações físico-químicas de algumas variedades importantes de manga. *Indian Food Packer*. ***5***: 5561.

Savitri S. e Bhalla, T. C. 2007. Traditional foods and beverages of Himachal Pradesh (Alimentos e bebidas tradicionais de Himachal Pradesh). *Indian Journal of Traditional Knowledge*. **6**(1): 17-24.

Sethi V. (1991). Conservação de fatias de manga crua (var. Neelum) para utilização em pickles e chutney. *Journal of Food Science and Technology*. **28**(1): 54-56.

Sharma R., Sanodiya B.S., Bagrodia D., Pandey M., Sharma A., Bisen P.S. (2012). Eficácia e potencial das bactérias do ácido lático que modulam a saúde humana. *Revista Internacional de Ciências Biológicas Farmacêuticas*. **3**(4): 935-948.

Sheth, M. e Nandwana, V., 2004. Estabilidade de armazenamento de pickles de manga comerciais em óleo. *Indian Food Packer*. **35**(1): 73-77.

Soglia F., Petracci M., Mudalal S., Vannini L., Gozzi G., Camprini L. e Cavani C. (2014). Substituição parcial de cloreto de sódio por cloreto de potássio em carne de coelho marinada. *Jornal Internacional de Ciência e Tecnologia Alimentar*. **49**: 2184-2191.

Somda D. K. Savadogo A., Barro N., Thonart P. e Traore A. S. (2011). Efeito dos Sais Minerais no Processo de Fermentação utilizando Resíduos de Manga como Fonte de Carbono para a Produção de Bioetanol. *Asian Journal of Industrial Engineering.* **5**(1): 29-38.

Soumithri T C, Rao M S S e Johar D S (1963) Studies on brine pickles-part II: Isolation and identification of yeasts from Indian pickles, *Journal of Food Science,* **12**: 377-80.

Starr e McMillan (2006). Um livro sobre "Biologia Humana". **Vol-7**.

Stevenson K E, Black D E e Costilow R N (1979) Aerobic fermentations of pickle process brine by candida utilization *Journal of Food Science.* **44**: 182-85.

Subba-Rao M. S., Saumithri T. C., Johar, D. S. e Subrahmanyan, V., 1963. Estudos sobre pickles de salmoura, parte III, emulsão conservante para pickles. *Journal of Food Science.* **6**: 381-386.

Suzanne D.J., Franco W, Perez-Diaz I., e McFeeters R.F. (2012), Influência do cloreto de sódio, ph, e bactérias do ácido lático na utilização anaeróbica do ácido lático durante a deterioração do pepino fermentado, *Journal of Food Science,* **77**(7): 397-404.

Talathi J.M., Wadkar S.S. e Patil H.K., (2003). Variabilidade das exportações de manga e competitividade das exportações. In Abstract on National Seminar on "Mango Challenges in management of production, post-harvest, processing and marketing" organized by Gujarat Agricultural University, Junagadh on 14-15 June, 2003, 122-125.

Tamer C. E. (2012). Avaliação da qualidade de pickles de couve-flor em conserva preparados com diferentes ingredientes. *Jornal Africano de Investigação Agrícola.* **7**(10): 1550-1555,

Thompson, R.L., Fleming, H.P., e Monroe, R.J. 1979. Efeitos das condições de armazenamento na firmeza dos pepinos em salmoura. *Journal of Food Science.* ***44:*** 843-846.

Departamento de Agricultura dos EUA, Departamento de Saúde e Serviços Humanos dos EUA. (2010). *Dietary guidelinesforAmericans , 2010.* Retrievedfrom http://usda01.library.cornell.edu/usda/nass/DairProdSu//2010s/2011/DairProdSu-04-27-2011.pdf.

Uro1c K., Nikolic M., Kos B., Pavunc A. L., Beganovic J., Lukic J., Jovcic B., Filipic B., Miljkovic M., Golic N, Topisirovic L., Cadex N., Raspor P. e Suscovic J. (2014), Probiotics from Croatian and Serbian Cheese. *Journal of Food Technology and Biotechnoogy.* ***52***(2) 232241.

Vasugi C., Sekar K., Dinesh M. R. e Suresh E. R., 2008, Evaluation of unique mango accessions for whole- fruit pickle, *Journal of Horticultural Scences.* ***3***(2): 156- 160.

Veldhuis M.K., Etchells J.L., Jones I.D., Veerhoff O. (1941) Influence of sugar addition to brines in pickle fermentation. *Journal of Food and Industries, **13***(10):54-56; ***13***(11):48-50.

WASH (Ação mundial sobre o sal e a saúde). (2005). Recuperado de http://www.worldactiononsalt.com

Wiander B. e Korhone-Hannu J.T., *(*2011 ***),*** Preliminary studies on using LAB strains isolated from spontaneous sauerkraut fermentation in combination with mineral salt, herbs and spices in sauerkraut and sauerkraut juice fermentations, *Agricultural and food science.* **20**: 176-182.

Wikipédia: recurso em linha em http://en.wikipedia.org/wiki/Pickled_cucumber, acedido em 23/2/2017

Organização Mundial de Saúde, (2011),Collaboration to optimize dietary intakes of salt and iodine (Colaboração para otimizar a ingestão de sal e iodo na dieta). Internet : http://www.who.int/bulletin/volumes^90/11-092080/en/

Yotsuyanagi S. E., Contreras-Castillo C. J., Haguiwara, Lemos C. L.S.C , Morgano M. A., Yamada E. A. (2016). Impactos tecnológicos, sensoriais e microbiológicos da redução de sódio em salsichas, *Journal of Meat Science*, **115**: 50-59.

Yunchalad M., Thaveesook K., Hiraga C, Surojanamathakul V. e Stonsaovapark S., (2003). Manga verde fermentada - alterações químicas e crescimento microbiano. Actas de 41st Conferência anual da Universidade de Kasetsart de 3 a 7 de fevereiro. Agroindústria. 348-356.

Zarei M., Pourmahdi B. M. e Khezrzadeh M. (2011). Efeito de NaCl e KCl no crescimento de *Listeria monocytogene. Jornal Iraniano de Investigação Veterinária*, Universidade de Shiraz. **13**(2), Ser. No. 39, 2012.

Zhang Y. W., Wu H. Z.; Tang J.; Huang M.; Zhao J.Y. e Zhang J.H. (2016), Influência da substituição parcial de NaCl por KCl na formação de compostos voláteis em Jinhua, *Food Science and Biotechnology,* 2016. 25(2): 379-391.

Zhang Y.W., Zhang L., Hui T., Guo X.Y., Peng Z.Q. (2015). Influência da substituição parcial de NaCl por KCl, na atividade da lipase e na oxidação lipídica no processo de lombo curado a seco. *Ciência e Tecnologia de Alimentos.* **64**(2): 967-973.

Zhang Y.W., Zhang L., Hui T., Guo X.Y., Peng. Z.Q. (2014), Efeitos da concentração de NaCl e das substituições de cloreto de potássio nas propriedades térmicas e na oxidação lipídica do porco curado a secokl.79, Nr.9, 2. *Journal of Food Science-E1695.*

Zhou, B., Wang, H. L., Wang, W. L., Wu, X. M., Fu, L. Y. e Shi, J. P. (2013). Efeitos a longo prazo da substituição de sal na pressão arterial em uma população rural do norte da China. *Journal of Human Hypertension*, 2013. **27**(7): 427-433.

Placa 1(a): Cura com sal de pedaços de mangaPlaca 1(b): Cura com sal de pedaços de manga

Prato 2: Cozedura do pickle de manga e esterilização simultânea do material de vidro

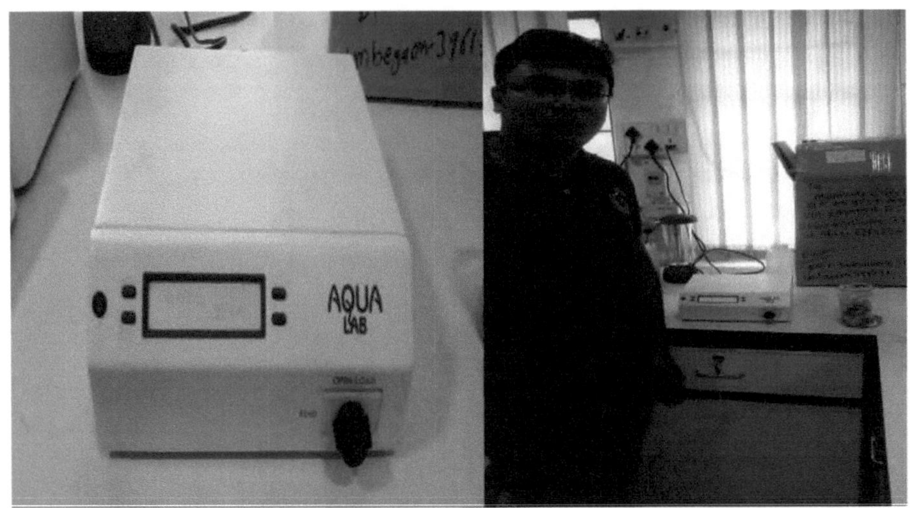

Placa 3(a) e 3(b): Determinação da atividade da água

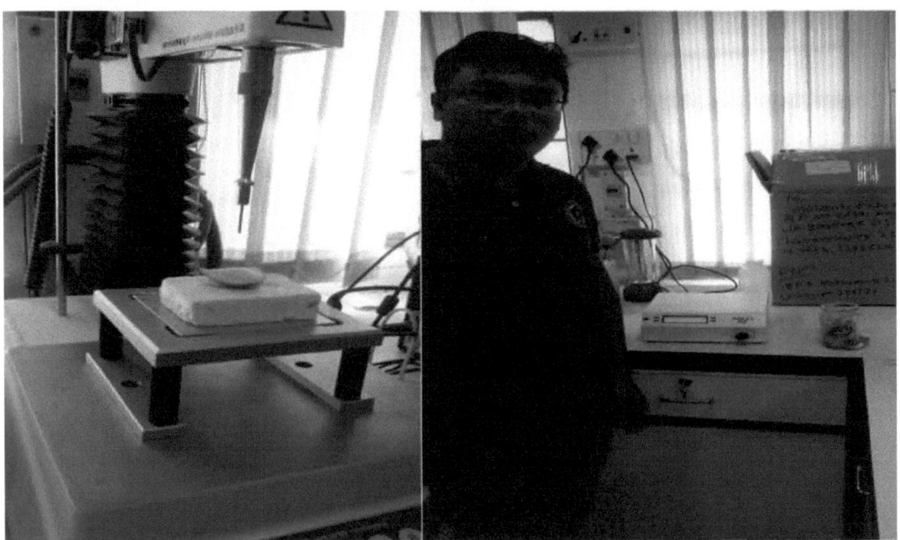

Placa 4 (a) e 4 (b): Determinação da dureza por analisador de textura

Prato 5: Pickle preparado utilizando uma mistura de sal variável de acordo com as diferentes tiragens.

Placa 5 (a) e 5 (b): Digestão di-ácida da amostra de pickles em banho de areia

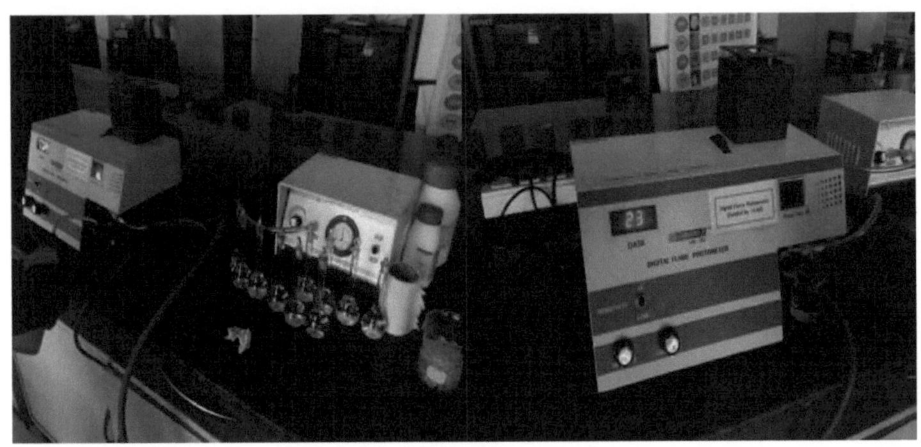

Placa 6 (a) e 6 (b): Análise fotométrica de chama do teor de Na e K na amostra de pickles

Placa 7: Colocação de meios em placas de Petri

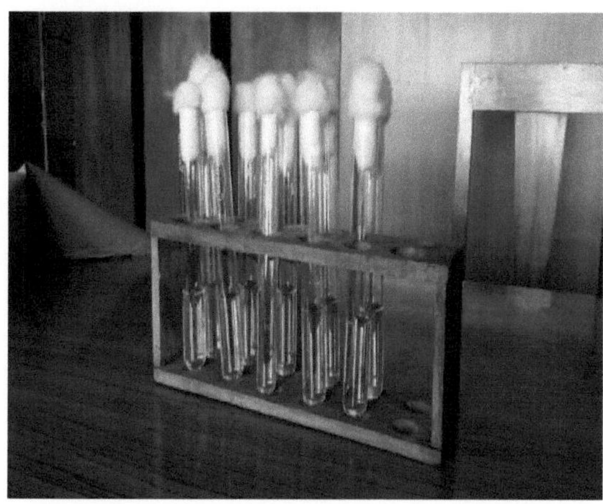

Placa 8: Diluição em série da amostra de pickles

Printed by Books on Demand GmbH, Norderstedt / Germany